徐凤龙先生，1964年12月生，吉林榆树人。工商管理硕士研究生，国家茶艺师高级考评师，吉林省茶文化研究会会长，北京联合大学特约研究员。毕业于东北师范大学美术系，读书期间勤奋刻苦，长于国画，喜寄情山水。改革开放后，创办装饰公司，屡创佳绩。但徐先生时时不能忘怀自己的文化情结，于1999年创建了吉林省第一家以古典传统风格为主调的雅贤楼茶艺馆，兢兢业业，开始了对茶文化的深入探讨与研究。2003年5月徐先生与妻子张鹏燕共同编撰国家职业资格培训鉴定教材《茶艺师》，并以雅贤楼为基础，成立了吉林省雅贤楼茶艺师学校，为社会培养了大批专业茶艺人才。几年来夫妇二人醉心于茶文化的研究和传播，已陆续出版《茶艺师》《在家冲泡工夫茶》《饮茶事典》《寻找紫砂之源》《普洱溯源》《识茶善饮》《第三只眼睛看普洱》《中国茶文化图说典藏全书》《凤龙深山找好茶》……并于2006年启用祖上老号"万和圣"且连建数家万和圣茶庄，2008年成立东北地区最大规模的"雅贤楼精品紫砂艺术馆"，为中国茶文化的发展作出了突出贡献。

2014年12月

图\说\中\国\茶\文\化

凤龙深山找好茶

FENGLONG SHENSHAN ZHAO HAOCHA

徐凤龙 著

吉林出版集团
JiLin Publishing Group

吉林科学技术出版社
JiLin Science&Technology Publishing House

图书在版编目（CIP）数据

凤龙深山找好茶/徐凤龙著.--长春：吉林科学
技术出版社，2014.11
ISBN 978-7-5384-8538-7

Ⅰ.①凤⋯ Ⅱ.①徐⋯ Ⅲ.①茶叶－文化－云南省
Ⅳ.①TS971

中国版本图书馆CIP数据核字（2014）第264119号

图说中国茶文化

凤龙深山找好茶

著　　　　徐凤龙
出 版 人　李　梁
责任编辑　李　梁
摄　　影　张　熙
封面设计　长春茗尊平面设计有限公司
制　　版　长春茗尊平面设计有限公司
开　　本　710mm×1000mm　1/16
字　　数　200千字
印　　张　16
印　　数　1-10000册
版　　次　2014年12月第1版
印　　次　2014年12月第1次印刷

出　　版　吉林出版集团
　　　　　吉林科学技术出版社
发　　行　吉林科学技术出版社
地　　址　长春市人民大街4646号
邮　　编　130021
发行部电话／传真　0431-85635177　85651759　85651628
　　　　　　　　　　　　85677817　85600611　85670016
储运部电话　0431-84612872
编辑部电话　0431-85635175
网　　址　http://www.jlstp.com
印　　刷　长春新华印刷集团有限公司

书　　号　ISBN 978-7-5384-8538-7
定　　价　49.90元

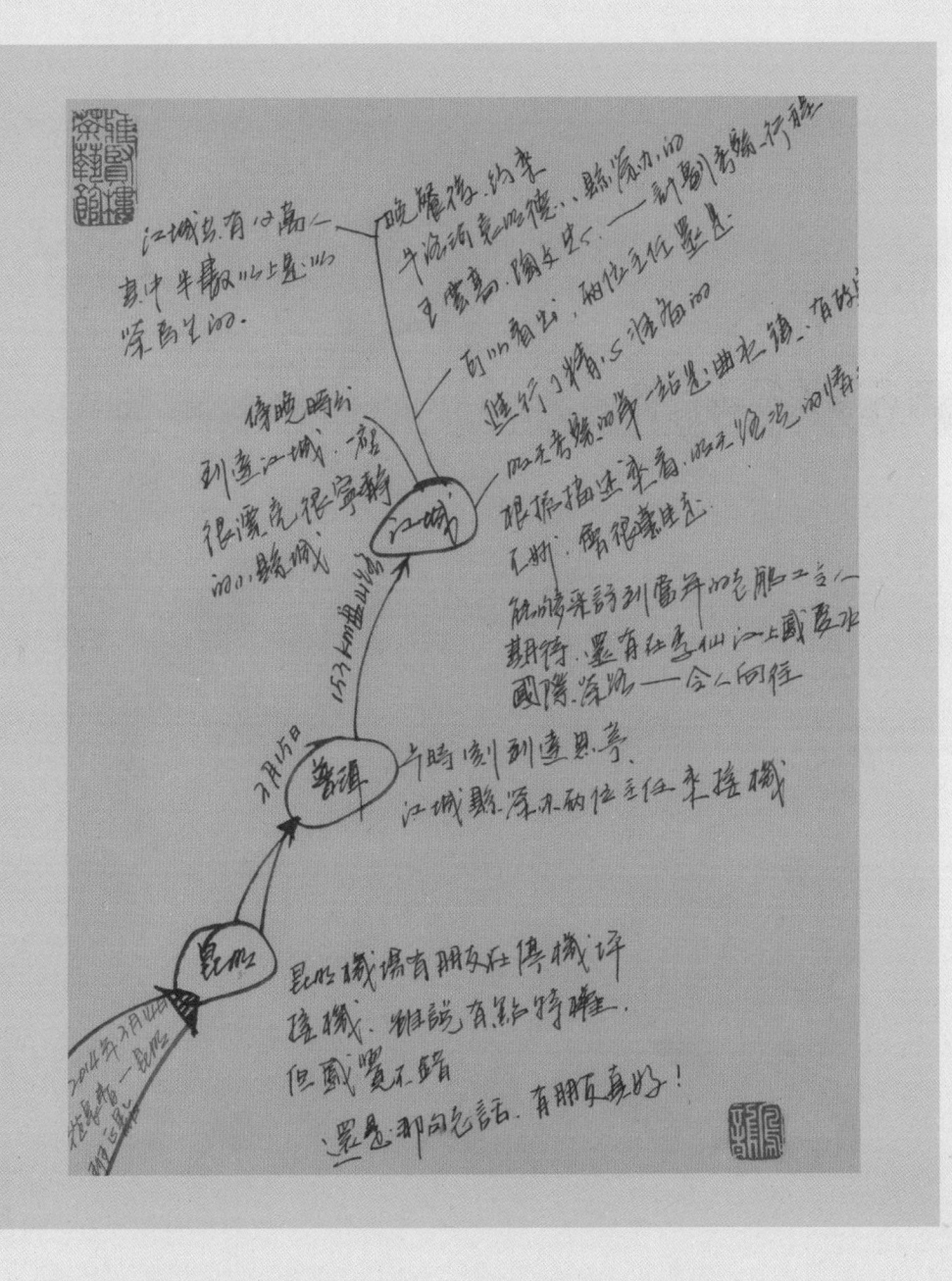

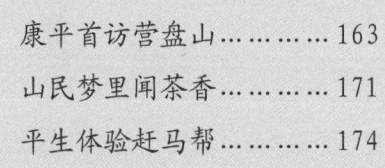

目 录

19 第一站
曲水·尽头与源头

91 第三站
整董·融合

63 第二站
勐烈·传承

129 第四站
宝藏·行走

的风俗传说以及很多鲜为人知的茶人故事。在江城遇到的每一个人都如那里的古茶一样，淳朴、清澈、温和，富有原始的生命力。由此我更加热爱那方茶香净土，如今写序，每处画面仿佛历历在目。

想起电影《一代宗师》里的一句台词：念念不忘，必有回响。

是江城的一代代茶人对原始茶的传承念念不忘，大自然才留给了他们最为宝贵的环境，这是一株好茶树生长的根；而我作为一个与茶结缘多年的北方汉子，也正因为对中国茶文化的念念不忘，才有了一路向南考察和寻访的动力，像江城这样能够根植我心的一方方茶源也将能够以我的方式展现在当下和未来。

此书将秉承我的一贯风格，用记录的方式还原我寻访的全过程，用事实和数据说话已成为我多年考察的习惯。

在此，我再一次真诚地感谢此行给予我们帮助的所有朋友，同时也代表江城的茶农茶商朋友们感谢能够开启本书，跟随我们寻访的读者朋友。

希望这本薄薄的册子也能对您的生活尽微薄之力，在文化中品味茶香，更品味一份悠久的茶情。

序言

《第三只眼睛看普洱》出版以后，许多茶友纷纷来电询问采访八座古茶山的来龙去脉，尤其希望了解更具体和详细的茶园风貌及风土人情。每每有朋友问及，我的思绪都回到了考察当时的情境，由于时间所限，2013年的采风没能来得及就一处细细品味，自己也觉得略有遗憾。

在采访八座古茶山中，第一站江城始终留给我更加神秘的印象，不仅因为那里是砖茶的发源地，还源于那里地处边疆要塞尚未开发所保留下的原始自然风貌，以及那里超过半数居民以茶为生的生活状态，有这样一个地方对于了解和研究中国茶文化的传承无疑是难得的。如若能够通过微薄之力介绍江城，为江城古茶和江城6万多茶农做些实事，更是自诩茶人的我此生之一大幸事。

基于此，我决定第二次踏上江城的土地，更加深入地考察、了解、探寻江城古茶之源。

此行我们仍旧从北国春城长春出发，抵达云南江城后依次走访了曲水、勐烈、整董、宝藏、嘉禾、康平、国庆7个乡镇，通过走访老船夫和老马帮，勾勒出了江城古老水路和陆路茶马古道的脉络；通过寻访新老茶农和茶商，整理出了江城茶文化和茶品牌的历史与现状。

为了此行更为顺利和圆满，江城县茶办的领导和同志们协助我们筹划行程并在每一个寻访地区安排熟悉路径的向导，使得我们探寻到更多

江城深山有好茶

缘起

在云南省普洱市东南部——中国与越南、老挝三国交界的地方，有一座充满诗情画意的县级城市——江城哈尼族彝族自治县。山有水则活，水遇山方秀。这座大山之中的灵秀之地，有曼老江、李仙江、勐吟江三江流过，勐吟江的下段又叫龙马江，素有"金鸡飞上山，龙马跳进江"的传说，故名江城。

2013年3月，我为《第三只眼睛看普洱》创作采风时，考察的第一站就是江城。当时迎接我们的江城县茶行业发展办公室主任王云高自豪地向我们介绍，全县有12万多人口，县城内常住人口约3万人，25个少数民族共融。在这12万人口当中，有6万多人是以茶为主业谋生的。全县拥有6万多亩生态茶园，近2000亩古茶园以及那些藏在大山深处树龄超越千年的野生大茶树；至今仿佛仍能听到从山间陆路茶马古道中传出的叮当铃声，依稀可见一条自坝溜渡口起始的鲜为世人知晓的水上茶路；还有那些被港台茶人传来传去卖出天价的出自江城的老普洱茶……

　　由于当时行程所限，未能一一走访，但那里接触的一切，都让我久久不能忘怀，还有更多值得探寻的时空见证，都在呼唤着我这位忠实的茶文化传播者。抛开其他，为了那6万多以茶为生在边疆茶园中默默耕种的茶农，我也有义务为江城茶做点儿什么。

　　缘于此，我决定再度南下云南，采风江城。

　　启程

　　2014年3月14日清晨，迎着北方料峭的寒风，我带着摄影师张熙从北国春城长春出发，飞往心目中名副其实的春城——云南。下午14点1刻，我们抵达昆明，第二天中午时分，飞机稳稳地降落在思茅机场。

　　从普洱市到江城有153千米回转崎岖的山路，对于我这个经常到大山里考察的人来说，早已不是什么新鲜事儿了，但对于来自东北大平原的随行摄影师张熙面对此山此路立刻目不暇接起来。云南的大山到处都充满了神迹，在摄影师眼中，处处都是自然神绘的美丽画卷。

　　静静流淌的曼老江，宛如一位慈祥的老人在呢喃千百年来古老的故事；盘山公路两旁的茶园早已抽出新芽，散发着阵阵清香；宁静的傣寨旁，大片香蕉园饱经一年的风霜后也已发出新绿，孕育着新一年的收获；整董镇的公路旁，山坡上矗立着"野象出没，注意安全"的警示牌，让人充满猎奇的想象，幻想着与野象群的不期而遇……

　　傍晚时分，经过近4个小时的山路颠簸，终于来到了江城县城。这真是一座宁静得出奇的边疆小县城，夜幕降临没多久，这里早已没有了白日的喧嚣，时空仿佛一下子凝固了，一切都归于安静。

　　计划行程

　　晚餐后，我们约来江城牛洛河茶厂总经理袁明德先生，与县茶办的两位主任共同研究在江城考察期间的行程安排，可以看出两位主任已经进行了精心的准备。江城共有7个乡镇，根据各乡镇的地理位置的分布情况，以茶为考察主线，最后决定按照曲水、勐烈、整董、宝藏、嘉禾、康平、国庆这个顺序考察。

　　曲水镇是我们将要考察的第一站。根据向导们的描述，路况会非常难走，我心中虽有准备，但还是有些忐忑。无论如何，我坚信此行一定是一次前无古人后无来者的寻茶之旅。

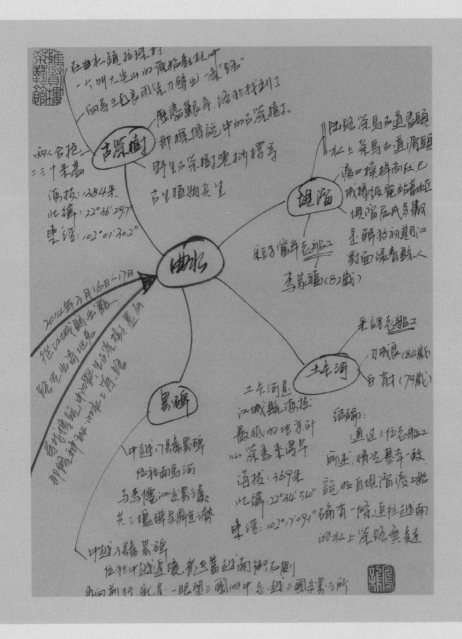

曲水
QUSHUI
尽头与源头

曲水 尽头与源头

QUSHUI

尽头与源头

原始森林寻野茶
水上茶路坝溜渡
曲水边寨土卡河
中越边境访界碑

人们常用"苦尽甘来"形容茶的味道，

苦的尽头，恰是甘的源头。

尽头与源头，在唇齿间生发，转化。

如同原始森林的野茶树，

是喜茶之人视野难及的尽头，又是茶之所生旺盛伸展的源头。

尽头与源头，在每一株茶树的枝桠萌发，翠绿。

曲水的坝溜渡口，是江城茶马古道的陆路尽头，

亦是这里水上茶路的静谧源头。

尽头与源头，在老船工的号子中，历历在目。

江城，

并未因茶蜚声八方，

却在边塞的千百年间淡然守望，

用她特有的生命力诉说着尽头与源头的故事，

关乎茶，更关乎茶与人的共生。

雅贤楼茶文化

大尖山野生古茶树	海拔1384米，北纬22°36′29.7″，东经102°01′30.2″	
	当时温度27.2℃，相对湿度71%	
坝溜渡	海拔382米，北纬22°38′33.0″，东经102°06′59.0″	
	当时温度28.5℃，相对湿度77%	
土卡河	海拔369米，北纬22°38′48.9″，东经102°17′25.6″	
	当时温度31.9℃，相对湿度79%	
中越边境17号界碑	海拔443米，北纬22°33′23.4″，东经102°19′15.2″	
	当时温度30℃，相对湿度75%	
中越边境3号界碑	海拔980米，北纬22°25′47.2″，东经102°10′16.0″	
	当时温度30℃，相对湿度58%	

原始森林寻野茶

2014 / 03 / 16

天微阴

　　考察团从江城县城向东出发，沿着一条没有尽头的盘山土路转弯转弯再转弯，途经田房、嘎勒一直到茶树林村。午时三刻，终于与等候在这里的县政协副主席何加平先生会合，在茶树林村再折向东北方向前进，前往此行第一个目的地茶树林村的大尖山，听说那里有树龄超越千年的野生古茶树，而且还是生长在原始森林之中，是当地村民在2006年前后发现的。何加平先生老家就在距大尖山不远处的拉珠村的碌摸冲。（注释——碌摸：哈尼语，有茶叶的地方；冲：大山谷。碌摸冲，就是有茶叶的大山谷的意思，也叫拉妈冲。）

　　越野车在乡级盘山公路上转来转去，路况出奇的差，是我这些年在云南大山深处数次寻茶之旅中走过的最艰苦路况，有些地方车子好像直接开进了丛林，路上突出的石头还不时地磕碰着越野车的底盘，人在车内可想而知是个什么状态。

　　经过一段翻江倒海的颠簸之后，越野车终于在中午时分来到了一个相对平缓的山坡前，与请来的当地向导王存良先生会合。我以为野生古茶树就在附近，况且还有出生在这附近的何加平先生带路，怎么还要请来当地的向导带路？心中有些疑惑。

　　稍事休息打尖（注释——打尖：在旅途或劳动中休息进食。）后，我们在向导王存良的带领下，开始向深山进发了。

　　这是一片人迹罕至的原始森林，根本无"路"可走。向导在前方奋力地用柴刀"开路"，我们跟跟跄跄地向前跟进。好在此时是云南的旱季，林下植物并未疯长，如果是雨季，我们这些平原人休想踏进这原始森林半步了。

　　山坡越来越陡，树林越来越密。

　　身前身后都是一些我们平原人无法叫出名字的各种植物，初入此境，倒是感觉新奇，随行人都努力地想记住闯入眼帘的一切。

　　脚下的"路"越来越难走，大家互相提醒着注意安全，小心滑倒。感觉要滑倒时切忌用手抓植物，尤其有一种三棱草，据说异常锋利，千万不能用手抓碰。这是向导提醒我们的注意事项。说来容易，可我们是在根本没有路的坡度超过60度角的原始森林中行走，云南的山里人还好，对于我们这些来自平原的人们，没走多远早已经是气喘吁吁满头大汗了，其艰难程度可想而知。开始时，大家还都注意着避免划伤手指，最后只有一个念头儿，别滑到山下去就算万幸了。

　　路越来越难走，坡度越来越大。好在我这些年来坚持锻炼身体，经常进山采

风，相对熟悉一些山里的情况，但这里的路况真的是想象不出来的难走啊。不时抬头看到向导王存良在前面挥刀努力地"开路"，突然想到了当年戴安澜将军为了把数万远征军将士带回祖国，在缅甸热带雨季的原始森林之中浴血奋战，用刺刀劈路的场景。

顿时心中只有一个念头：前进，前进，那里有千年野生古茶树在呼唤着我们，等待着我这位忠实的北方茶文化传播者的到来，向世人展示她那神奇的尊容呢，一定坚持！

向导王存良边走边说："我们当地也只有个别人来过这里，路太难走了，很少有人能到这儿来。这里有野生古茶树也是他前些年在山里放牛时无意间发现的，以前只知道这里有很多原始植物，云南大山里的各种植物本来就多，也没人注意。眼前的这些桫椤树听说是恐龙时代就有的木本蕨类植物，还被称为蕨类植物之王呢，你看，这里到处都是。"

随行的何加平先生在地上拣起一个浑身长满毛毛状如土豆的东西递给我，说当地人管这个东西叫桫衣包，是一种植物的根茎，富含淀粉。当年缺粮食时，老百姓就到山里挖这种桫衣包充饥，有些人在山里找不到吃的东西时，也挖这种植

曲水 尽头与源头

QUSHUI

物，能救命。其实这山里有很多东西都能吃，他随手折下一个植物的尖尖递给我说，这种植物酸酸的，很好吃，小的时候他和伙伴们在周边的山里能找到各种各样好吃的东西。当然了，在众多植物中，有一些是有毒性的，父辈会教给他们哪些植物能吃，哪些植物不能吃。

云南大山里是草药的王国，乡间流传着这样的笑谈，说有人得了痔疮，不小心一屁股坐在地上，站起来时，痔疮治好了。听何加平说，老父亲是寨子里有名的乡医，他小时候常跟着父亲上山采草药。他随手指着一种植物说，这是三叉叶，性凉，当地小孩出生时，用这种植物的叶子汁洗澡，长大后再进山就不会过敏了。他又指着一棵树干上的一种攀缘植物说，这个叫酒药，是一种配制烤酒用的草药；这是鼻涕树，果汁非常好吃；你看这棵树上去过人，树干上有人工砍过的痕迹。再往里走就是人迹罕至的原始森林了，路会越来越不好走。

经过千辛万苦的艰难跋涉，向导王存良大哥终于告诉我们，野生古茶树就在前面。抬头望去，在各种原始植物的缝隙之中，隐约可见一棵高大挺拔的野生古茶树傲

然屹立。我心中一阵激动，不禁加快了前进的步伐。

这是一棵同根生三枝主干的野生大茶树，从树干的颜色、形态上看，生长得相当健康。迎面的两根主干距地面约2米的地方并联长在一起，宛如一对恋人，舒展地分开又昂扬奋力地向上生长着。仰头望去，树高少说也得有二三十米，这棵野生古茶树在与大自然的抗争中，时刻都得努力地向上生长，它只有把树冠伸展出去，吸收到更多的阳光，才能维持这棵古老的生命。

在野生古茶树的周围，生长着各种云南大山里奇异的植物，尤其是那些恐龙时代就已经存在的桫椤树，如臣子般围拱在野生大茶树身旁与其共生。

江城野生古茶树不是短时间能够长成的，眼前的这棵野生古茶树，少说也有千年以上的树龄，在这棵有生命的千年古茶树之前呢？之前的之前呢？也就是说，江城有茶久矣，这里远古时代就适合茶树的生长。

向导王大哥指着100多米外山坡下的一片原始森林说，那里也有几棵野生古茶树，坡度太陡，下不去。附近有个叫大风箱的地方也有很多这样的野生古茶树，

曲水 尽头与源头

QUSHUI

感觉好像没有这棵大。我们寨子叫茶树林，也是因为那里有野生古茶树而得名。

听着王大哥的介绍，心中充满向往，真的想踏遍群山，觅得每棵野生古树茶的行踪，但今天一路走来，体力消耗实在太大，早已透支，只能留下一些遗憾，给后人留下一些空间吧。

第一天进山寻茶，准备得也不十分充分，没有带一把尺子量一下树的径围，只得折来一段藤条，在距地面10厘米的地方用藤条量好标记，回家再展开丈量。

丈量后得知这棵野生古茶树的径围是252厘米。

在大尖山野生古茶树旁，用GPS定位仪测量的结果：

海拔1 384米，北纬22°36′29.7″，东经102°01′30.2″，当时温度：27.2℃，相对湿度71%。

怀着对大自然的敬畏，对野生古茶树的敬仰，对一切生命的敬重，我不敢乱动这里的一草一木，恭敬地弯腰捡拾几片遗落在地面上的野生古茶树的落叶，小心翼翼地揣入怀中，就在捡拾落叶的同时，又发现了几株新生长出的野茶树的幼苗，这是新的生命，这是野生古茶树在这里会生生不息、直到永远的真实见证。

曲水 尽头与源头

QUSHUI

水上茶路坝溜渡

　　下午14点半左右，我们一行人终于从茶树林大尖山的原始森林中蹒跚着爬了出来。坐地草地上歇息时，何加平先生随手摘来一片树叶为我们吹奏一曲。云南人真的很神奇，把一片叶子放在嘴上，就能成就完美的乐章。

　　接下来的路更是难走，说是路，不过是在陡峭的山坡上开出一条仅容一辆车通过的盘山土路，有前车引路，我们便一直行驶在滚滚的尘埃之中。

　　随行的何加平动情地说，前面就是他的出生地碐摸冲，可别小看眼前的这条破路，这可是他少年时的梦想。那时候这里根本没有路，出门完全靠走，他读小学到拉珠小学要走3个多小时，读初中到曲水中学要走7个小时，高中要到江城县里读，也得走7个多小时，吃的那个苦就不用说了。2006年以前，这儿只有一条毛路，基本上是晴通雨不通，2010年之后才修成现在这个样子，他已经很知足了，

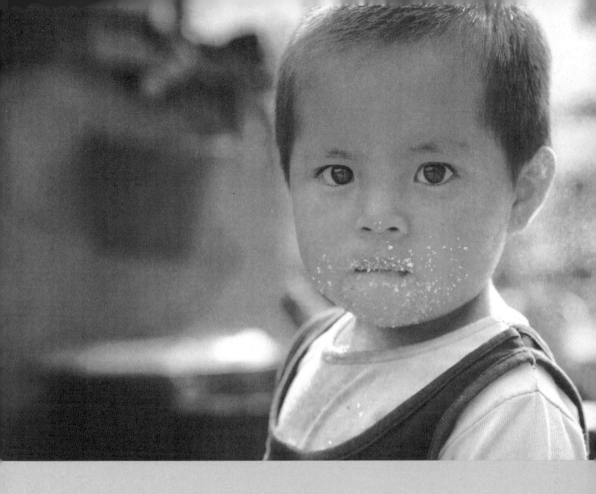

起码回老家不用走了。

下午3点半左右来到何加平先生的老家碌摸冲，他的弟弟是村里的小组长，典型的朴实农民，听他介绍说，这里的茶园并不是很多，全寨子也就六七十亩茶园，他自家种8亩多，每年能收入三四千块钱，自留地里还能收五千多斤苞谷、3 000多斤水稻，还有几十亩橡胶园，每年能收入3万多元，所以，家里的生活还是很安逸。

16时3刻，考察团离开碌摸冲，在崎岖蜿蜒的盘山小路上，经过两个多小时的行驶才到达坝溜渡口。

坝溜渡口，令人向往之所在。据说，这里是江城陆路茶马古道的尽头，国际水上茶路的源头，名副其实否？今日前来一探究竟。

雅贤楼茶文化

　　到达坝溜渡口时已是晚上18点半左右，好在云南纬度低，日落时间稍晚，整个渡口在夕阳的映照下显得宁静且安详，那些从岸边延伸到水中的青石条铺就的渡口老台阶，仿佛还在陈述着昨日的辉煌故事。

　　在岸边竖立的一块铜匾上，记叙着解放战争时期这个渡口的战斗故事。

　　这里是坝溜渡口阻击战战斗地：1949年12月23日，昆明保卫战胜利结束，国民党残军向滇南溃退。1950年1月下旬，江城县临时人民政府接到思普地委和九支队司令部关于阻击向边疆地区逃窜的国民党残部的指示。县长荀彬率县基干队到坝溜渡口、李仙渡口设防。2月5日，国民党残军1 000余人到达坝溜渡口附近，驻守在坝溜渡口的40余名县基干队与敌先头部队接火。由于敌众我寡，基干队主动撤出阵地，向县城方向转移，沿途寻找有利地形继续阻击敌人，保证了县城党政机关人员和群众的安全撤离。

　　看来，这里还真是有故事可说。

　　站在老青石台阶上，放眼望去，一泓湖水碧波荡漾，游船静静地躺在岸边，隔岸绿春县的乡村里升起缕缕炊烟，隐约间仿佛可以听到牛羊入圈的铃声伴随着阵阵鸡鸣回荡在宽阔的江面上。这里是李仙江七级电站的第七级土卡河水电站，

曲水 尽头与源头

QUSHUI

此时正值蓄水期，李仙江水在这里放慢了奔腾的脚步，两岸的群山也拱起她那伟岸的胸怀，缓缓地蓄满了江水，等待开闸放水的那一刻好释放出她那巨大的能量，为人类造福。

仔细观瞧，这里看上去倒像个渡口，但是不是人们传说中的那条国际水上茶路的源头？这还得进一步调查，没有调查研究就没有发言权。

随行人员说，天黑前还要去拜访一位当年的老船工，大家便一齐返回渡口上方的停车场。待车发动后，我突然意识到，刚才忙于在渡口采访，忘记了用GPS定位。询问一下，回答说考察团不再回到这个渡口了，我便坚持步行回到渡口重新定位，用数据说话是我的特点。

雅贤楼茶文化

曲水 尽头与源头

QUSHUI

在坝溜渡口，用GPS定位仪测量的结果：

海拔382米，北纬22°38′33.0″，东经102°06′59.0″，当时温度：28.5℃，相对湿度77%。

在坝溜渡口边上的一个寨子里，我们见到了当年在这里撑船运茶到越南的老船工李家福先生。

我们到来的时候，老人一家子正在用晚餐。看到有客人光临，主人很客气地把我们让到院子当中坐下。何加平先生曾经做过曲水乡的乡长，与寨子里的很多人都很熟悉，与大家打过招呼之后便开门见山地说明了我们的来意。听说我是来寻找当年水上茶路的著书人，老人很认真地向我讲述起当年那段峥嵘岁月。

傣族老人李家福出生于1933年，今年已经82岁高龄了，但身体还很硬朗，讲话声音洪亮，只是老人家讲的当地方言我实在听不懂，只好请他的孙子当翻译。

老人说，在他记事儿的时候，坝溜渡口这儿差不多有20多户人家，几乎家家有船在江上跑运输。李家在坝溜是老户，四代人都是在这条江上用船跑运输运茶叶混生计。那时候，这儿的大山里到处都是参天大树，各家各户的船多是用山上的红梅干树、桂花树凿出来的。主要是从坝溜渡口出发，沿着李仙江向下游直达越南的莱州，也有运到河内的。老人说他只去过莱州，河内没有去过。

运的货物开始的时候主要是茶叶，后来也运少部分锅盐。这些货都是马帮从墨江、普洱、思茅等地运到坝溜渡口，再从这里装船运到越南莱州的。

当时，坝溜渡口是由当地的一个水上保安队管理，出境时得盖上公章。

一条船上有3个船夫，大约能装1 500斤货物。坝溜到莱州往返一次快的时候也得15天左右，稍有耽误就得20多天或者一个月。

李家福老人的父亲是从祖上接过来跑水路运输这个基业的，去的地方比较多，听说河内也去过多次，后来，老人的父亲抽上了大烟，家道中落，生活困

曲水 尽头与源头

QUSHUI

难，所以，老人在十几岁时就跟着他父亲上船跑运输了。

吃水上运输的饭非常不容易，那时的李仙江水流湍急，所以在运输的过程中，险滩重重。漏船、翻船、沉船甚至死人的事也时有发生。记得有一次他家的船翻了，很多茶叶都漂在水面上，好不容易才打捞上来一部分，在岸上晾晒了五六天，才重新装船出发去莱州的。

水上茶路虽然危险重重，但祖辈就是做这个行当，况且，按照水上茶路的规矩，每个船员也可以带一点儿货到越南换一些东西回来用，这在当时也是挺诱人的。

老人做船工那会儿，最多的时候是七八条船一起出发，船不能太多，不好管理，照顾不过来，万一出了事可不得了。

坝溜这里最繁华的时候能有四五十户人家。国民党来了之后，到处抓壮丁，有些人就都跑散了，还有一些人家就搬到下游的土卡河、龙洞河一带居住了。

曲水 尽头与源头

QUSHUI

1949年下半年，共产党游击队来了，坝溜解放了。原来那些老板也都被抓起来镇压了，运输生意就越来越萧条，最后都没生意可做。有船的人家，开始学着以打鱼为生。

现在居住在坝溜的人多数都是对岸绿春县搬过来的。由于江城解放得早，江这边的治安相对要好一些，所以，江对岸绿春的人就有一部分搬到坝溜来居住了。

李家当时是大户，很多货都是马帮驮到坝溜渡口后，再经过李家的手才能装船运到越南莱州等地的。李家福老人说到此处时，脸上显出很自豪的神情。

按照李家福老人的叙述看来，这里当年确实有一条国际水上茶路。

曲水 尽头与源头

QUSHUI

曲水边寨土卡河

　　听说当年坝溜有些船工中的一部分都搬到李仙江下游的土卡河居住了，在那里会不会有我要找的能够说明眼前的李仙江是国际水上茶路的人或物？

　　土卡河水电站是李仙江上梯级电站中的第七级水电站，根据用电量的情况不定时开闸放水发电。明天，我计划趁着水电站开闸放水，坐船在李仙江上考察这条国际水上茶路。经过和大家协商，我们决定连夜赶往土卡河，在那儿乘船会更方便更准时一些。

　　2014年3月16日晚8点多，我们一行人从坝溜渡口出发，奔向40千米开外的土卡河。路出奇地难走，好在，经过一整天的奔波，早已经习惯了在越野车内东摇西晃的感觉了，昏昏然在晚上22点多才到达土卡河。

　　迎接我们的是曲水乡高山村主任罗丽，一位精明强干的傣族女干部。在等待吃饭的工夫，向她了解了一下土卡河村里的情况。

　　据罗丽介绍，土卡河归高山村管辖，寨子里共有107户人家，以哈尼族、傣族为主，是江城县海拔最低的村寨，村里目前的主要经济来源是种植橡胶树。回想一下，在来时的盘山公路两侧确实有成片的橡胶林。这里不是江城茶园的主种植区域，所以，村里的茶园面积不是很多，只有400多亩，归一个茶叶合作社经营。这400多亩茶园多数都是大树茶，做成的晒青毛茶品质很好，基本上都

曲水 尽头与源头
—
QUSHUI
—

卖给易武了，几天前她还看到有易武茶商前来收茶。土卡河是大寨子了，有100多户人家，这里本来就地广人稀，2006-2007年人口普查时，每平方千米还不足28人，土卡河已经是人口比较集中的村寨了。

匆匆吃过晚饭后，就住在土卡河村边的一个简陋的小旅馆。

第二天清晨，早早起床，准备洗漱，却发现根本没有洗手盆，只是在便池边上有个歪歪斜斜的水龙头。我苦笑了一下，顺手拍了一张照片发到微信朋友圈上，并附上此时的感想：想大便，蹲下；想洗脸，对不起，请蹲下。

来到街面上看看，此时的土卡河街面上已经有三三两两的人们在走动。还是一个字，真是出奇的"静"，听不到人喊马嘶，听不到鸡鸣狗叫。

寨子旁，土卡河静静地流淌着，汇入不远处的李仙江，听说从这儿再向下游七八千米，就流入了越南境内了。

在坝溜渡口时，就知道土卡河有大部分人家都是从坝溜搬过来的，以傣族为主。听说过去寨子的民居都是典型的傣族风格的草苫吊脚屋、篱笆房，如今已经都被砖瓦房替代了，已经看不出多少民族特点了，与汉族居住风格区别不大。想象一下，在奔腾的李仙江下游东岸，在静静的土卡河旁，如果都是原来那种傣族风格的草苫吊脚屋错落其间，那是什么景致？

　　上午9点半左右，我们如约采访一位当年在水上茶路的老船工，84岁的傣族老人刀成良。

　　据刀成良老人讲，从他记事儿的时候起，家里父辈们就从事着从李仙江到越南的水上运输的活计，当时运的货主要是茶叶，也有大锅盐。他是十七八岁的时候上船的。坝溜在解放前是江城一带非常重要的能把货物从水上茶路运到越南的渡口。

　　老人本来是坝溜渡口对面红河州绿春县出生的，解放初期，红河那里有一股哈尼人的势力很大，经常蛮不讲理，乡亲们都很怕他们。那年月日子也不太平，常有土匪出来到寨子里抢劫猪啊牛啊马的，有一次连他盖的被子都被土匪抢去了，实在活不下去了，全家就搬到坝溜居住了。

　　老人说，他们在跑水路运输的时候，也是冒着很大风险的，那时候，为了能活命，也是没有办法才去跑船的。记得沿李仙江顺流而下，经过土卡河与李仙江的汇合口再向下走不远，有一条小河叫南马河，那里就有一股土匪，常端着枪出

曲水 尽头与源头

QUSHUI

来抢劫。我倒是很幸运，在跑船的过程中还真没碰到过这股土匪，不过，每次要到那个地方的时候，大家都会小声地提醒注意。

在跑船的过程中也翻过船，因老人会凫水，抓住了行李爬到了岸上，不会凫水的人拼命抓住船干才保住命。当然了，如果真的翻了船，所造成的损失都是由老板承担的，船工只负责把茶叶、锅盐等货物运到目的地越南莱州，交给老板在那里的负责人。

一般情况下，往返一趟急的时候，半个月就回来了，稍有耽误，得走20来天。去莱州满载时，好在是顺水，回程时完全靠人在岸上把船一步一步拉回来，那时候水非常大，不像现在这么平稳，一年下来船工的肩膀都得磨掉几层皮。

到越南后，有时候还要把货送到指定的地方，记得有一次还把货送到了飞机上。开飞机的都是洋鬼子，伸出大拇指表示谢谢。一条船上都是3个人，船头、船尾、中间各一人，由于责任分工不同，挣的钱也不一样，一般船头30块，船尾20块，中间最安全省力的给10块钱。

曲水 尽头与源头

QUSHUI

不知不觉间，已经是上午10点半左右了，曲水镇书记及副镇长听说我来采访，也特意赶到土卡河这个小院，借此机会，正好了解一下曲水镇的实际情况。

据副镇长牟婕介绍，曲水镇是江城唯一与越南、老挝接壤的乡镇，历史上种植茶园的面积就很少，当年这里主要是靠渡口运输出口为主。目前统计，全镇有2700多亩生态茶园，由高山村的一个茶叶生产合作社统一经营。

过去，曲水镇本来就是个穷地方，人烟稀少，尤其中越战争之后，这里更是无法发展经济，老百姓生活艰苦。1986年，改革开放后，与越南的关系逐渐缓和，边境也相对稳定了，才开始试种橡胶林，试种成功后，直到1995年后才大面积种植，主要是云南省农垦局来整体运作。目前全镇已种植了25万亩橡胶林，大部分都是公司所有，私人也有一小部分。

回想一下，在曲水镇采访的过程中，在盘山公路两侧及远近的群山里，放眼望去，确实基本上都是橡胶林。

从沿途村寨山民的住房及人们的精神面貌来看，种植橡胶林确实使云胶公司及个人收入有所提高，农闲时，还可以看到一些妇女围坐在小方桌前打牌，貌似悠闲自得的样子。

老人们也三三两两地坐在屋檐下，晒着太阳聊着天。

我没有详细研究过像曲水镇这样种植单一品类的橡胶林是否科学合理，但感觉上这样大面积栽种同一物种似乎对生态环境影响挺大。种橡胶林首先得砍掉亿万年形成的天然森林，然后种上这种单一的经济林，已然打破了大自然的生态平衡。因为，橡胶林在生长管理的过程中，为了防虫，要经常喷洒农药，所以，我们一路走来，几乎听不到鸟的鸣叫，更不要说云南雨林中曾经遍地的毒蛇以及传说中的巨蟒。

曲水 尽头与源头

—

雅贤楼 茶文化

　　人们在向大自然索取的同时，已经破坏了这里的生态环境，打破了这里自然的平衡规律。虽然现在放眼看到的还是漫山绿海，有谁知道，在未来的某个时候，大自然会给人类带怎样的惩罚与灾难？

　　告别了刀成良老人家的小院，一行人陪同我前往距土卡河不远处的李仙江边，在那里准备乘船，沿着当年的国际水上茶路，寻找那些失去的记忆，体会一下船工的艰难。

　　土卡河的村民真是靠山吃山，靠水吃水，可这里却是山水通吃。

　　在寨子中通往李仙江边的一个小院儿里，看到有渔民在织鱼网，我忍不住坐下来，试着编织了几下，看得人们目瞪口呆。渔民用手摸着脑袋告诉随行的当地人，这个人会织鱼网。我暗笑，何止会织网，我在松花江支流拉林河边长大，父亲是当地的捕鱼能手，从小就教了我这手绝活儿。

曲水 尽头与源头

QUSHUI

站在李仙江江边看过去，说这里是条江，还不如说是条小河，水位很低，也不湍急，但却清澈见底，可以看到一群群的小鱼游来游去。放眼望去，江边是一望无际的被江水冲刷得圆圆的卵石，很多船就搁浅在卵石之上，何也？

原来，在李仙江的上游有7个梯级水电站，我所处的位置是我国境内最后一个水电站土卡河电站的下游的江底，这些水电站承担着云南省内的部分电力供应，根据省内电力负荷情况不定时发电。此时，上游水电站还没有开闸放水发电，所以我们才能看到江滩上那些搁浅的船以及我们能走到李仙江江底的卵石之上。等一会儿电站开闸放水，我目前所处的位置可就是水涨船高，江水涛涛了。

由于这级电站是不定时发电，没有准确固定的时间，我们只能头顶烈日，在江滩搁浅的铁皮船上，耐心地等待着上游的水电站开闸放水。

听说，土卡河这里是云南江城海拔最低的地方，用GPS定位仪测量一下，果不其然。

曲水 尽头与源头

QUSHUI

海拔369米，北纬22°38′48.9″，东经102°17′25.6″，当时温度：31.9℃，相对湿度79%。

就这样，我们在毫无遮拦的江滩上坐等了一个多小时，大家分析，今天可能不会放水了。听到这个信息，我心中感到很失望，祈盼着奇迹会出现，让我体会一下国际水上茶路的感受。

还好，在这江边也不乏有风景观赏。

这时，从李仙江的下游，陆续驶来几条小船，那是到江下游打鱼的渔民收工回来了。收获还很大，每条船都有几十上百斤的鱼获。听渔民说，从这里向下七八千米就是越南境了，越南人不会打江里的鱼，那里的鱼很多，所以，他们就在边境的江面上打鱼。

最后得到相对准确的信息，已经过了中午时分，今天可能不开闸放水了。但我心中还是有些不甘，来到了江边，向下几千米就是越南境内了，没能到江面的船上感受感受，似乎缺少了点什么。最后，请来在江边长大的司机小朱的同学，撑着小船，载着我在江面上行驶了一段，也算是我沿着水上茶路的一次体验吧。

就在我们已经准备撤离江滩的时候，在江对岸驶过来一条小木船，撑船的老者白发须眉，船头坐着一个三五岁的小女孩，这场景，太美了，简直就像梦中的

曲水 尽头与源头

QUSHUI

画境一般。

随行的陪同人员大声地叫我过去，原来这就是我们计划采访的另一位当年这条国际水上茶路的老船工，79岁的傣族老人白有才。

原来，老人到对面的山里捡拾柴火刚刚回来，恰巧被我们碰到了，我心里很高兴，虽然没有等到上游开闸放水在船上的体会，但却有幸在这儿碰到了我想要找的人。

衣着朴素的白有才老人，虽然满头白发，饱经沧桑，但精神矍铄，常年在这江面上生活，炼就了硬朗的身子骨，脚穿着黄色解放鞋，站在江边的浅水中，动作一点都不显得迟缓。

我们的采访就在李仙江的水边开始了。

听白有才老人讲，他家也是当年从坝溜搬到土卡河的。解放前在坝溜住的时候，家里主要是用船跑运输，这个活计是坝溜人的主要行当。他十五六岁就跟着父亲上了船。家里穷，男孩子都是早早地帮家里干活儿，没有吃闲饭的。

他们运的货都是一些大老板从宁洱、墨江、昆明等地用马帮运来的茶叶、锅盐。到了坝溜渡口再装船运到越南的莱州。

一条船能装1100~1300斤货物，每条船上3个人，往返一趟大约半个月，每个人能挣350元（一种当地类似土司发行的货币，叫七角绑桩钱，形状是人头上有6个角，用一双手把着两只角，据说以前还能看到这种钱，现在很少见了，可能在博物馆里还能见到）。每次出发前都要去盖公章，国民党统治时期，得盖上县长的公章才能走，到了莱州靠岸后也得去盖公章。

曲水 尽头与源头

QUSHUI

雅贤楼茶文化

曲水 尽头与源头
QUSHUI

　　解放后，大山里有很多国民党的残部，再加上土匪也多，共产党政府就不让出船了。不少人祖辈就是靠这条江运输吃饭的，如今谁都不能出船到莱州，家里又没有可以耕种的土地，没有办法，有些人家就利用家里的船在江里捕鱼为生了，还有些人家就从坝溜搬到了下游的土卡河居住，他们家就是那个时候搬过来的。当时，江里的鱼太多了，从来没有炸鱼、毒鱼的人，网也不多，随便用张小网就能打很多鱼，他最大一条拿过三十多斤的大鱼。

　　如今年岁也大了，还带着个小孙女。儿子不在家，媳妇也不知道跑哪儿去了，他现在最大的愿望就是身体还能再好几年，把小孙女拉扯大一点儿，到那时要是真的走了也能安心一些了。听到这些，我的心里酸酸的，饱经风霜的老人啊，本已到了颐养天年的岁数，还要自讨生活，天下的儿女呀，都做何感想？

　　从以上在不同地点采访到的当年的三位老船工述说的情况看来，从坝溜渡口到越南的莱州，确实存在着一条世人不知晓的国际水上茶路。我们在讨论茶马古道的同时，千万不可遗忘掉当年那些在这条水上茶路拼命撑船的船工们，是他们用生命的汗水把中国的茶叶运送到越南及东南亚各国，开拓出了一条名副其实的国际水上茶路。

　　让我们记录下这条世人尚不知晓的国际水上茶路，还有那些当年的老船工们吧。

雅贤楼 茶文化

中越边境访界碑

2014年3月17日下午14时，我们驱车前往中越边境的17号界碑。

　　云南的山路出奇地难走就不用说了，尤其这只是条通往一个界碑所在地的路况可想而知。

　　车子行驶在到处都是滑坡的路上，虽然雷电交加剧烈颠簸，半小时后还是来到了中越17号界碑所在地。

　　站在中国一侧南马河与李仙江交汇处，抬头望去，中国与越南真是山水相

一

曲水 尽头与源头

QUSHUI

一

连，山是一体的山，水是一系的水，也就是民族不同，信仰不同，社会制度不同而已，否则怎么看出是这个国家还是那个国家？

　　此时是枯水期，水量不是很充沛，南马河的上游不知道是什么原因流下来的水有些混浊，奔腾着注入李仙江清澈的江水中显得泾渭分明。站在中国界内的河滩之上，十几米外，南马河与李仙江交汇处的越南一方被洪水冲积成一块三角洲，三角洲上方的山坡之上的越南界内，竖立着17—1号界碑，在我身后中国境内的山坡上，竖立着17—2号界碑，江对面绿春县山坡上竖立着17—3号界碑，这三块界碑呈鼎足之势竖立在中越边境线上，标志着各自的管辖区域。

雅贤楼 茶文化

57

曲水 尽头与源头

QUSHUI

—

曲水 尽头与源头

—

QUSHUI

—

用GPS定位仪测得中越边境17号碑的结果：

海拔443米，北纬22°33′23.4″，东经102°19′15.2″，当时温度：30℃，相对湿度75%。

捧一捧清凉的李仙江水，洗去一路风尘，顿时感觉清凉了很多。抬头看看如画的美景，真的想象不出来，三十几年前，这里曾经传出过中越战争时隆隆的炮声。山水相依的人们啊，为啥不能和睦相处，相安无事呢？

从17号界碑沿着李仙江返回时，看到江水还是原来的样子没有上涨的意思，暗自庆幸今天没在江边傻等是明智之举。前面说过，梯级电站是根据需要不定期开闸放水发电的，如果在江边傻等可能就要耽误接下来的行程，包括来到中越的17号界碑。

17点45分左右，我们一行人来到了中越边境龙富越南街。说是街，也就是在越南境内的柏油路的两侧，有一些简易的木房子立在那里，在木房子的屋里屋外摆满了木制的货架子。

从中国一侧的土路上，跨过一条水泥浇铸的横线，便踏上了越南的领土。

曲水 尽头与源头

QUSHUI

可能我们到来时稍晚，加上今天不是集市，听说赶集时这里人特别多，今天倒显得有些冷清。木屋里，几个越南小妹妹满脸堆着笑用生涩的中国话向人们推销她们的商品。其实我们所看到的商品还不如一般的小卖部丰富，主要是一些越南产的香烟、香水以及为数不多的日用品。

从这些木房子再向前百米开外，就是越南边防军的一个检查站，山坡前杏黄色的越南边防检查站在夕阳映照下显得很突出。在检查站面向中国的一侧，矗立着一块巨大的宣传画，上面印着中国、越南国旗，我们伟大领袖毛主席和胡志明主席的画像，用中越两国文字写着：睦邻友好，全面合作，长期稳定，

面向未来。

想想也是，山水相连的兄弟，争个什么劲儿？中国这边种茶，越南也种茶，大家坐下来喝杯茶，共同发展，不是挺好的事儿嘛！

这时，陪同人员提醒我们不要太靠近检查站，更不要对着检查站拍照，以免招惹来不必要的麻烦。

返回木房子前，看到越南小妹妹失望的眼神，随行的摄影师张熙买了两条越南香烟做个纪念。但国外的香烟盒设计得太直接了，熏黑的肺，焦黄的牙齿，感

觉很恶心，不过表现得也直接且实在。

在越南龙富街右手边不远的山顶之上，便是中越3号界碑。

陪同我一路考察的江城县政协副主席何加平先生，时任曲水乡乡长，曾亲自参与立的这个界碑。站在3号界碑的位置，可以看到，越南一方的柏油马路明显比中国的砂石土路宽敞平坦了很多，据说，也是越南政府有意为之。如今，中国一方也正在准备把那条砂石土路改建成柏油路与越南一方相连。那时，再去龙富街可能就更方便快捷了。

从越南龙富街向东南方向再走大约5千米，就是著名的一眼望三国，犬吠闻三疆的中、老、越三国交界所在地。此时，由于政府正在修建通往十层大山的路及栈道，人车都无法通过，不能去那里看看十层大山的美景。虽然有些遗憾，但也留下了更多的期待。

用GPS定位仪测得中越边境3号碑的结果：

海拔980米，北纬22°25′47.2″，东经102°10′16.0″，当时温度：30℃，相对湿度58%。

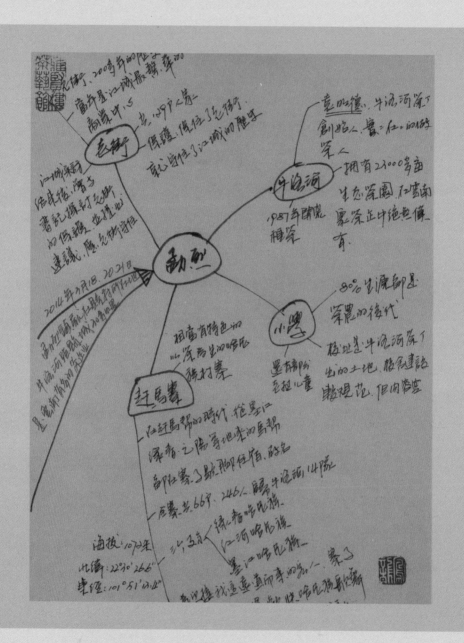

第二站

勐

勐烈
MENGLIE

传承

勐烈 传承

传承

江城再访古老街

茶业龙头牛洛河

茶山朗朗读书声

哈尼歌舞赶马寨

从几百年前古老街的商号敬昌号，

到几十年来牛洛河的品牌兴旺，

商人们乐此不疲的不仅仅是一盏清茶入口，

更是这广阔茶园芬芳四溢的岁月年华。

从茶山间稚嫩的书声朗朗，

到赶马寨欢畅的哈尼歌舞，

大山在滋养着天然佳饮的同时，

也孕育了子孙们爽朗的个性。

传承，是不被流动的时代所驯化，

是生命与生计共续的顽强。

在这里，茶成了人们世代相传的生计，

更成为一种基因根植于人们的生命。

我们发现，吸引我们目光的已不仅仅是茶的初生，

还有这古朴的传承。

雅贤楼茶文化

64

牛洛河小黑江茶园 —— 海拔986米，北纬22°27′12.5″，东经101°55′16.8″，
—— 当时温度：26.4℃，相对湿度66%；

中国老挝4号界碑 —— 海拔962米，北纬22°26′26.2″，东经101°54′48.8″，
—— 当时温度：30.2℃，相对湿度66%；

牛洛河老寨古茶树 —— 海拔949米，北纬22°27′00.5″，东经101°53′07.1″，
—— 当时温度：22.3℃，相对湿度72%；

赶马寨 —— 海拔1072米，北纬22°30′26.6″，东经101°54′48.8″，
—— 当时温度：27.9℃，相对湿度59%。

江城再访古老街

2014 / 03 / 18

天微阴

　　勐烈镇位于江城县城内，这里有一条近200年历史的老街，风貌古朴，曾经是江城著名的茶市。

勐烈 传承

MENGLIE

　　2014年3月18日下午，来到老街考察，已是我第二次到访了。老街的路比去年来时平整了许多，抬头望去，一排排错落有致的老楼屋里仍然活跃着人们忙碌的身影，斑驳的泥墙显得岁月沧桑，黑灰色的老青砖承载着几代人的梦想，黛青且残破的屋瓦还在努力地为人们遮着风挡着雨，黝黑的雕刻垂花柱下那些散发着古木气息的老木门，还在迎来送往远近的访客。

　　刚刚走进老街，就碰到了我去年采访过的朱天祥老人，老人看到我非常高兴，还热情地邀我有时间去他家里坐坐。

　　再往前走，一座老屋的门前传来叮叮当当的敲击声，去年就看到过这位铁匠铺的手艺老人，只是没有深入接触。与老人家打过招呼后，得知他名字叫朱添禄，75岁了，汉族人。小时候就从景东一带搬过来了，做了一辈子铁匠，舍不下了，老了也闲不住，就当锻炼身体，还能有些收入添补家用，日子过得也不错。

　　我向老人家询问在他小的时候，这条老街上有没有做茶叶生意的。

　　朱添禄老人说当年这条街非常繁华，是江城最有人气的地方，街两旁都是商铺，南来北往的客商多得数不过来，每天马帮牛帮一队接一队，听说有时连牲畜吃的草都不好买。在他的印象中，这条街上最大的茶叶商铺是敬昌号，老板叫李发相。他们把宁洱、墨江等地的茶叶用马帮驮过来，再从这里驮到曲水的坝溜渡口，在那儿装船运到东南亚的一些国家。

告别老人再往前走，就是敬昌号原址了，只是这里早已没有了敬昌号往日的味道。

在敬昌号原址对面，有一扇低矮的木门，走进木门，里面黑洞洞阴森森的感觉，紧走几步穿过窄窄的过道，来到一个略显局促的院子，男主人疑惑地看着我们这群陌生人。

当地的陪同人员向主人说明了来意，主人善意地请我坐下。通过攀谈得知，男主人叫吴应，60岁，汉族人，爷爷在清朝时是当地的团总，所以积攒了一些家底，才买了现在这个院子。他听爷爷说，当初整条街都是草苫的房子，后来，有些人经营茶叶赚到了钱，各家有了积蓄，才逐渐盖成了瓦房。这个院子在爸爸那辈儿就已经买下来了，听说这个房子当时也是敬昌号的房产。小时候院子里还有一些压茶叶用的老石模，后来，被他爸爸以每个两块五毛钱卖掉了。现在还剩下两个，眼前一个，还有一个在后院猪圈旁当垫脚石。

吴应特意领我到后院猪圈旁查看了一下那块老石模，从状态上看，确实有些岁月。

从阴暗潮湿的老院子里走出来，人仿佛一下子穿越了时空，心情也阳光了很多。来到对面的敬昌号原址，吴应说，早先这里是县供销社，当时这条街是江城最繁华的商业中心。供销社在三十多年前，把老房子拆掉盖成了这个小楼。要说街上的这些老邻居们，也都知道这是文物，是江城历史的见证，可这些老房子阴

勐烈 传承

MENGLIE

暗潮湿，老鼠又多，没办法家家都得多养几只猫。

从那里走后的几天，我的心情久久不能平静，古街上的每个细节都仿佛在诉说古老茶市的故事，吴应家的那两块老石模会不会因为不重视而在未来的某个时间丢弃？

于是3月22日晚些时候，我又一次来到那条散发着古老气息的老街，走进那个散发着霉味的老屋。在院子里和吴应拉着家常，当我提出想收藏那两块老石模时，吴应一脸真诚地说："对不起了徐老师，我想把祖宗留下的这些老东西传给子女，也许将来他们也能喜欢茶文化，况且现在日子也过得下去，可能让你失望了。"

听着吴应真诚的解释，我非常欣慰，真心祝福吴应一家在这个老屋子里生活得悠闲自在，这些老物件能在老人的子孙当中一辈一辈传承下去，这里的历史就能传承下来。

后来我与江城县委书记郭崇伟先生在普洱市见面时，认真地讨论了怎样保护这条老街的事情，如果政府进行合理规划，百姓们共同努力，就能把这条老街保护起来。一定要保住老街啊，江城的历史应该由后人守住。

—

勐烈 传承

—

MENGLIE

—

茶业龙头牛洛河

　　与牛洛河茶厂的袁明德先生相识是在2013年春，我为《第三只眼睛看普洱》在江城采风时的一天上午，如约来到牛洛河茶厂在江城的办公室。进门后，我觉得与袁先生似曾相识，细想原来我们在长春时曾经见过面，只是当时来去匆匆，没有留下太深的印象。这次也算是熟人，自然聊得很多，袁先生给我看了他们在中老越三国交界的十层大山里找到野生古茶树的资料，这些资料对于我关于茶文化的研究是非常重要的。由于当时考察团任务繁多，没能多做停留。分别的时候，袁先生很诚恳地邀请我日后一定到他的牛洛河茶厂看看，他诚挚的表情在那一刻定格在我的脑海之中。正是在去年有了未去牛洛河茶厂参观的遗憾，所以此行来江城考察，牛洛河茶厂便成为我考察任务的重中之重。

　　2014年3月20日上午8点多，我来到牛洛河茶厂进行考察。

勐烈 传承

MENGLIE

　　这真是一家很有规模的茶企业，规模的厂房，规范的流程，规整的环境，印象不错。

　　在厂部一楼茶室，我与袁明德先生拉开了话题。1954年，袁明德出生在一个汉族家庭，高中毕业后便回乡务农，由于老实勤快，又是高中毕业生，很快就被调到大队做农业技术工作。1975年被推荐到寻甸农大，也就是现在的云南农业大学，成了一名工农兵大学生，在茶桑果系学习，1978年回到公社工作了两年，80年代初期专业对口调到云南农垦在江城的农场，从技术员做起，先后做过队长、科长、副厂长。

　　袁明德1987开始带着厂里的工人在周围的群山中开荒种茶，这些厂里的工人都是本地、外地来的老百姓，干劲十足，三年就在这里种植了10 000多亩茶园，再后来，就滚雪球似地又先后种植了10 000多亩，发展到现在，总面积差不多有23 000多亩生态茶园了。

　　1991年的时候，在现在这个位置上与县政府联营建成了这个大茶厂。当时，县财政压力也很大，这个厂全是靠贷款建起来的，对于能不能还上贷款，当时他心里还真没有底。茶厂起初只有少量茶叶生产；到了1992年，牛洛河茶厂的茶就

勐烈 传承

MENGLIE

有3个品种在昆明被评为名茶，分别是"江南奇兰""云海玉芽""报春银毫"，
打响了牛洛河茶厂的第一炮；1993年，省委书记在这儿开现场会，并提出三结合
一体化的口号，三结合即是科技与经济相结合，城市与乡村相结合，开放与开发
相结合，农工商一体化，实现了跨越式发展。

这里的农业基础好，加上领导的重视，25年来一直平稳地发展，目前主要是
做绿茶、红茶、普洱茶。

在牛洛河周边纵横14千米范围内，集中成片的生态茶园就有18 000多亩，在
中越边境龙富一带有1 000多亩，在明子山有1 700多亩，在看羊寨有1 200多亩。
在云南省，像牛洛河茶厂自有这么大面积茶园的企业是绝无仅有的，公司先后在
茶山中修了七八十千米山路，在外围还先后建了10个茶叶初制车间。

目前茶厂有茶工3 000多人，最高峰时，包括老人小孩子有近万人上山采茶，
场面非常壮观。如今，劳动力减少了差不多1 000多人，做绿茶的台地茶园都使用
采茶机采茶了，以保证能够及时地把茶青采摘下来，机械采茶弥补了劳动力不足
的问题。

雅贤楼 茶文化

据袁明德介绍，江城种植茶优势很明显，这里土壤肥沃，雨量充沛，采摘期长，每年一月初就开始采茶，要比云南很多地方提前一个月左右。由于采摘早，所以产量高，质量好，这里海拔相对比较低，茶叶柔和。牛洛河茶厂2013年产茶3 000多吨，其中绿茶占70%，红茶占17%，普洱茶占13%，普洱茶原料基本都是用野放的大树茶做原料。

我写作的风格向来是实事求是，不能只听介绍，我一定要亲临现场，眼见为实，耳听为虚呀。所以，我要实地到茶园中考察，以判虚实。

坐着越野车，在牛洛河茶厂的茶山中转来转去。群山之中，周围是一眼望不到边的生态茶园。

袁明德先生介绍说，牛洛河公司制作的绿茶和普洱茶的原料是不一样的。制作绿茶的茶青是在台地小树茶的嫩芽芽上一茬一茬地采摘下来，时间长了，就会出现鸡爪枝，不显毫，内涵也就不十分丰富。而制作普洱茶的茶青基本上都是在有计划野放的大茶树上采摘的，要求必须得从木质化半木质化的枝干上发出的芽，从基部采摘，这样的茶青才显毫，持嫩性强，内涵也丰富。茶芽从基部采摘后，在木质化半木质化的枝干上，会发出不定芽，所以不会影响茶树生发，相反，还会使枝干更壮，芽更肥。大树茶由于芽头少，枝干分散得稀疏，所以产量也很低。

他指着一棵野放的大茶树的根部继续说，根据植物生长顶上优先的原则，越是根部的芽越嫩，越是尖上的芽越成熟，靠近树丛中间的越嫩，外围的越成熟，所以说，树老了之后都是从中间空心的。树木在嫁接的时候，如果是在根部嫁接，那就得过几年才能开花结果，如果是在树上面嫁接，当年就会开花结果。茶树也是一样，在根部的芽不好，上面的叶成熟，内涵才丰富，所以说，茶都是在尖上采。

勐烈 传承

这里的基础资源好，所以近些年来为了做更好的普洱茶，他们野放了4 000多亩生态茶园长成大茶树。大茶树的产量很低，每亩年均产干茶约20～30千克，但他们宁可减少产量，也要保证质量，达到制作好的普洱茶的质量标准。

牛洛河茶厂生产的绿碎茶是直接出口德国的，德方对茶的质量要求很高，牛洛河的茶能出口到欧盟，也充分说明了其品质过硬，前几年每年都做三四百吨的出口茶。近几年国际市场茶价偏低，越来越不划算了，考虑茶厂的发展他们选择了国内市场。他们的宗旨就是做好茶，做放心茶。

袁明德表示对自己厂里的茶心里非常有底，公司拥有的近23 000亩茶园都是他亲眼看着种出来的，这里植被丰富，腐殖土层厚，保证了茶树能健康生长，再说，两万多亩茶园，也没办法施肥呀，这里气候适宜，环境好，也很少有病虫害发生。

是啊，放眼望去，我们眼前集中成片的茶园就有18 000多亩，分布在纵横14千米的群山之中。此时正处在阳春三月，晴天时，万亩茶园若隐若现地笼罩在淡淡的山岚之中，宛如羞涩的少女犹抱琵琶半掩面。这样的山岚现象，要持续到清明节前后，山岚才能逐渐退去，到那个时节，就能看得更远了，云南的大好河山才能尽收眼底。

　　在牛洛河老寨茶园里，我们也看到了一些幸存的树龄近百年的大茶树。袁明德说，这些大茶树是1987年他们刚来这里开山种茶时就已经有的，如今已经长成几米高，树干已经比碗口还粗了。在我们来之前，这里是高山牧场，有几千头牲畜在这里放牧，那年月都放火烧山，烧山后长出来的嫩草多，这个破坏性很大，有很多茶树都被烧死了。

　　从地图上看，牛洛河茶厂是建设在中国与老挝边境上，至于距离边境到底多远呢？我们决定要到中国老挝边境的4号界碑看看。

　　汽车在尘土飞扬的边境公路上颠簸着向边境出发，沿途所见除了茶园还是茶园，一片连一片，我们真得感叹大自然的神奇，能在这里生长出这种神奇的茶

勐烈 传承

MENGLIE

树，感叹人的伟大，能在这么深的群山之中开辟出这么优质的生态茶园。

在距离边防检察站约1千米的山坡前，我们的汽车停了下来。从这个山坡爬上去，就能看到中国老挝的4号界碑。

中老4号界碑掩映在一片葱绿之中，静静地矗立在那里，仿佛在说，这里是中国老挝的地界，任何人不得侵犯。

在中国老挝4号界碑，用GPS定位仪测量的结果：

海拔962米，北纬22°26′26.2″，东经101°54′48.8″，当时温度：30.2℃，相对湿度66%。

在4号界碑的山坡上，是牛洛河在中老边境线上的最后一片茶园。这里的气候、土壤、温度、相对湿度等等都非常适合茶树生长，中国与老挝山水相连，这里出好茶，我相信在老挝也一定能种出好茶。只是，老挝经济与中国还有相当的差距，中华民族自古就是种茶的民族，我们的经验会更丰富，文化底蕴更深厚，也可以将我们的茶园面积向老挝发展，或者帮助老挝人民种茶，以改善老挝边民的生活。将来，如果有机会一定要到老挝考察一下那里的农业生产情况，尤其是茶叶发展的情况。

勐烈 传承

MENGLIE

茶山朗朗读书声

出于教师工作的本能，这些年来我一直关注着乡村小学的建设情况，并且也一直努力为本地相对贫困的乡村小学默默地做些事情。

这次来云南边境采风，出发之前也有个心愿，很想了解一下边疆小学的教育教学情况，并且想找个适当的时机考察一两所小学校，看看能不能力所能及地为边疆小学做些什么事情，这个想法已经列入我的考察计划当中。

众所周知，村办小学是我国义务教育的薄弱环节。当农民们从贫困中走出来的时候，他们用自己尚显干瘪的腰包中有限的几个钱，来给自己的孩子创造出一个走向知识和文化殿堂的机会，包含了他们的希望和寄托。好在近年来，国家也加大了对教育的投入，乡村小学的教学条件有了一定程度的改善，但在一些偏远的山区还是有盲点，还是有鞭长莫及之地。

经过沟通，我们于2014年3月21日上午9点左右来到了牛洛河小学考察。

　　牛洛河小学就坐落在牛洛河边的山坡上，河水缓缓地沿着山脚蜿蜒的河床顺势而下，最后注入到李仙江。这山一旦有水的滋润，就会显得格外有生气，犹如朝气蓬勃的孩子般充满了活力。

　　越野车沿街穿过一座拱形过街天桥，牛洛河小学的校门便呈现在眼前。

　　和我想象的完全不一样，这是一所新建成的小学校，平整的操场，洁白的教学楼，还有天桥另一侧那掩映在万绿丛中的学生宿舍，如此看来，我们国家真的是富裕了，在这么偏远的乡村小学也能建设得这么漂亮。我们到达时学生们正在上课，孩子们朗朗的读书声从教室里传出，回荡在春天的空气里。

　　据了解，牛洛河小学所在地本来是牛洛河茶厂的一片茶园。当初，袁明德先生看到茶农的孩子上学实在困难，尤其那些家在大山深处的孩子，由于交通、学费等等问题无法上学。孩子寄托着大人们的所有希望，孩子没学上的茶农又怎能

勐烈 传承

安心种茶？袁先生几经奔波，最后确定由牛洛河茶厂出块地方，平整地面，县里各方面出资兴建了这所小学。

这是一所村完全小学，80%以上的生源都是茶农的孩子，有些茶农的家住在非常偏远的大山里面，所以有几百名学生都是住宿生。我们在考察中可以看到，这些孩子都很自立，宿舍管理也井井有条，大一些的孩子还能帮助抄写账单，从小就精打细算，体会生活的不易。

下课铃声响了，孩子们像小鸟儿一样从各个教室飞了出来，操场上霎时热闹了起来。在摄影机前，孩子们挤成一堆，欢叫着，做着各种鬼脸，毫无山里孩子们的腼腆。可见我们国家的下一代真是朝气蓬勃呀。

上间操了，伴随着欢快的音乐声，孩子们按照各自班级迅速有序地认真做起课间操来。看到操场上的孩子们，我真很激动，找到了当年做老师的感觉。

前面讲过，我是教育工作者出身，对教育有特殊的感情，同时，我还是位茶文化传播者，今天来到这所都是茶山后代的小学，更是感到意义非同寻常。这里是茶人的学校，是大山的希望。我们在这里能看到孩子家长的希望，能看到茶山的未来，更能看到我们祖国的未来。

同时，我们在考察中也发现，漂亮的教学楼内部还有很多不完善的部分，多数教室里教学设备并不完善，很多多功能教室里面并没有设备。为了下一代，为了大山的未来，我呼吁社会上更多人都来关注一下大山里的孩子们，把工作做到实处，更好地为孩子们的未来尽心尽力。

哈尼歌舞赶马寨

早就听说牛洛河有个很有民族特色的哈尼族村寨——赶马寨。这次来到江城考察一定不能错过。

2014年3月21日下午5点左右,我来到了距离牛洛河茶厂七八千米远的赶马寨。

迎接我们的是寨子里德高望重的哈尼族头人朱贵祥,一位中年汉子。

据朱贵祥介绍,赶马寨共有66户人家,246口人,归牛洛河14队管理。按照哈尼族不同支系共分3个小组,从服装颜色和风格上也能区分出来。戴黑帽红飘带、着粉艳上装、穿黑色绣花裤的是绿春县哈尼族;着紫色黑镶边上装、穿黑色绣花裤的是红河县哈尼族;戴红色头巾、全身着黑色绣花镶金的是墨江哈尼族。真是百里不同风,千里不同俗啊!同在屋檐下的哈尼族同胞,竟是同根不同系,有很大区别的。

赶马寨,是在过去赶马帮那个时代,很多从墨江、绿春、元阳等地来的马

雅贤楼茶文化

帮，都在这个寨子里歇脚打尖，从这里起程把货物驮到坝溜渡口，再从那里装船，沿着李仙江运到越南等东南亚国家，时间长了，这里就叫赶马寨了。

哈尼族同胞是个快乐的民族，每天采茶归来的晚饭后，寨子里的男男女女都齐聚小广场，带着一天的劳动成果，带着快乐的心情，跳起欢快的民族舞蹈，尽情享受丰收的喜悦和快乐的生活。

朱贵祥说，由于云南纬度低，日落时间比较晚，正常来讲得到9点左右才开始跳舞。今天为了迎接徐老师的到来，特意叮嘱大家早些收工，庆祝一下。听了头人的话，我心存感动。

趁着舞蹈音乐响起之前，我用GPS定位仪测量赶马寨的结果：

海拔1 072米，北纬22°30′26.6″，东经101°54′48.8″，当时温度：27.9℃，相对湿度59%。

音乐响起，绿春哈尼舞蹈、红河哈尼舞蹈、墨江哈尼舞蹈，一曲接一曲，一舞连一舞。你从舞蹈者的脸上，看到的是发自内心的喜悦。

小广场的中央，是哈尼族妇女们的舞场，大榕树下，是人们采回来的春茶，

哈尼族头人朱贵祥认真地检查着大家采回的茶青，验证等级，检斤过秤。

一派安乐祥和的景象。

在此过程中，所有人都是以头人的话为标准，头人是怎么定的等级，检斤的数量，都由头人说了算，没有任何人计较，可以看出，大家对头人是充分的信任。

是啊，一个村寨的族人生活得是否快乐、安宁，与这个村寨的领导者有直接关系，那就是头人的威望。

从村民们采回的茶青上看，赶马寨为牛洛河茶厂采摘的茶青非常规范，这就是牛洛河茶厂的优势。前面介绍过，牛洛河茶厂自有生态茶叶生产基地23 000多

勐烈 传承

亩，公司能够全盘统筹，按照生产要求加工。以采摘茶青为例，专做普洱茶的大树茶青按什么标准采，做绿茶的小树茶青怎么采，都有严格的规范要求。而云南有太多的茶叶生产厂家，自身不具备茶叶生产基地，到处收购茶青或干毛茶，这样的不同地域特点，不同采摘方法，不同炒制方法的大杂烩，如何能够保证普洱茶的品质？

音乐继续响起，舞蹈继续进行，热情继续奔放，茶青继续过秤！

听说我想喝哈尼族竹筒香茶，一位村民还从后山上砍来了一根高大的青竹，按照我的要求认真地砍出了烧竹筒香茶和烧糯米饭的竹筒，大山里山民的质朴真令人感动啊。

雅贤楼 茶文化

勐烈 传承

MENGLIE

　　忽然，远处天空响起了一阵阵隆隆的雷声，在群山之中滚来滚去，惊雷炸得惊心动魄，一场春雨来临了。

　　云南的季节只有旱、雨两季。今年春旱，村民们说这里已经三个半月没下雨了，今天春雨降临，是贵人带雨呀！

　　和着淅沥春雨，哈尼族同胞在堂屋前摆上了均是山里自产的丰盛晚餐，到处都充满了欢声笑语。

　　哈尼族头人朱贵祥搬出自酿的苞谷老酒，给我满满地斟了一竹筒杯。众人举

杯，今夜一醉方休。

席间，哈尼族姐妹们唱着欢快的歌曲前来祝酒，少数民族的歌词儿咱听不懂，但有一首熟悉的老歌《向着胜利前进》还是听了出来，虽然歌词儿不在调上，但情在调上，人在调上，足矣！

酒至半酣，寨子里的男人们在小广场的中央燃起熊熊的篝火，男人女人，大人孩子围着篝火唱啊跳啊！

赶马寨，到处都充满了欢乐、幸福、祥和！

雅贤楼茶文化

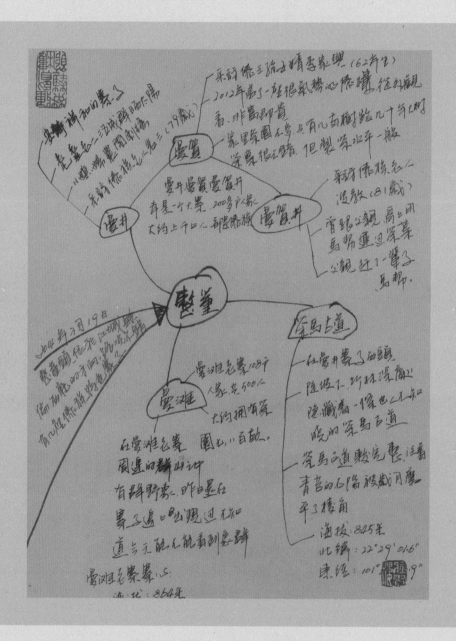

整董
ZHENGDONG

融合

整董 融合

ZHENGDONG

融合

曼井曼贺曼贺井
茶马古道响铃声
傣族风俗有传说
踏古寻幽访曼滩

数不清的茶马古道，铭刻了一代代马帮坚韧的足迹，

留存完好的漫滩老寨，弥漫着版纳风情的万古流长。

融合，是人类社会发展的大势所趋，

如同这座怡然居得的小镇，

无论是土生土长的老波涛，

还是马帮驻留的"新移民"，

他们因茶结缘，在这里共居共存。

"勤劳"是他们共建家园的思维定式，

汗水成了大茶树特有的养分。

飘香的茶汤，饱含的不仅仅是几十年芽苗的茁壮，

更是成熟植物与一瓢清泉的融合，

高山云雾与一米阳光的融合，

发酵贮藏与一刻烹煮的融合。

江城一抹，人人怡居，澜沧江两岸，万物共融。

整董镇	→ 海拔853米，北纬22°29′09.3″，东经101°30′23.3″，
	当时温度：29℃，相对湿度80%；
整董傣族大寨	→ 海拔855米，北纬22°29′14.8″，东经101°30′26.5″，
	当时温度：29℃，相对湿度81%；
曼井茶马古道	→ 海拔845米，北纬22°29′01.6″，东经101°30′30.9″，
	当时温度：33.6℃，相对湿度81%；
整董农场10队茶园	→ 海拔974米，北纬22°23′18.0″，东经101°33′00.0″，
	当时温度：36.3℃，相对湿度34%；
漫滩老寨寨心	→ 海拔864米，北纬22°25′57.6″，东经101°33′35.3″，
	当时温度：33.3℃，相对湿度35%。

曼井曼贺曼贺井

2014年3月19日，早起在小摊儿上吃了一碗很有特色的豆浆米干，然后从江城出发，沿着214国道向整董镇驶去。

云南的国道，由于地理条件的限制，路面的宽度也要比北方窄很多，并且都是弯路。上午9点左右，我们来到了整董镇政府所在地，这是一个纯正傣族人的集居地。

整董 融合

　　走进略显安静的寨子，到处呈现出一派平和、安逸的景象。耄耋老人三五成群地在傣屋门前晒着太阳拉着家常，小媳妇们趁着农闲，也抽空儿熟练地做点儿刺绣装点生活，就连一只小狗，也瞪着好奇的大眼睛安静地看着我们这些远方来客。

　　据迎接我们的镇人大主任唐金亮说，这个寨子共有200多户人家，全部是傣族，外民族很难融进来。整个大寨子在生产队时以街道为界被分成3个小队，这就是曼井、曼贺、曼贺井，其实这是一个大寨子。

　　在曼井，我们一行人来到了79岁的傣族老人岩三家做客。据岩三老波涛（傣语：老爷爷）讲，他年轻的时候就在当地的供销社做会计工作，一直生活在这里。现在住的这幢房子是1979年盖的，当时在寨子里也是数得上的好房子，如今看起来是有些陈旧了。傣族的民居都是这样修的，一楼主要用来养牛羊，当时谁家都养好多头，院子还要好好围起来，过去山里的野兽可多了，经常有小豹子来偷牛，还有老虎、麂子、老熊、大象等大型野兽也能看到，现在啥都没有了。

　　老波涛继续讲，他居住的曼井共45户人家，315口人。家里孩子们都已成家立

业，孙子辈也都长大成人了，现在吃喝不愁，每天喝喝茶，颐养天年，寨子里年纪超过百岁的老人很多。

可以看出，老人活得挺滋润。

从岩三老波涛家的吊脚楼出来，看到在大门口坐着一位年近九旬的傣族老咪涛（傣语：老奶奶），手里居然拿着一块彩色花布感觉像是在做针线活儿，我很吃惊，蹲下问老咪涛，您这眼神儿还能看到吗？老咪涛说，凭感觉，闲不住。

再往前走，就到了曼贺井，在街上碰到了一位名叫波教的傣族老波涛，乍看怎么也想象不到老波涛已经八十有一了。唐金亮与这些村民都是老熟人，波教热情地邀请我们到他家中做客。

听波教老波涛说，他的父亲本是汉族人，年轻时是跟着马帮来到这座寨子的，他的父亲一直跟着在马帮里认的干爹随马帮在思茅一带活动。马帮运的茶多数是从易武、曼撒、倚邦等地把茶叶收上来，用牛马驮到寨子里稍做休整，继续向南一直到坝溜，再从那儿装船从李仙江上运到越南等东南亚国家。

整董 融合

ZHENGDONG

他父亲的信誉很好，一般都是先把茶叶收上来，等卖了钱之后再把本钱还给人家，从来没差过账，茶农都愿意把茶叶卖给他。

他小的时候跟着马帮去过一次。记得那次是他们爷仨赶着20头牛，每头牛驮八大筒紧压茶，父亲在前面领队，大哥在后面压阵，波教老波涛在中间，往返一趟走了3个多月，能挣300多块钱。

以前在这个寨子的周边有很多老茶树，平时寨子里的人就去采来一些自己喝，后来粮食不够吃，有些老茶树就被砍掉种粮食了，肚子都填不饱，喝哪门子茶呀。

看来，整董傣寨古树茶的命运与其他区域的大同小异，粮食不够吃砍掉古茶树种粮食，我们今天应该能够理解那个年代人们的行为。

沿着寨子弯曲但很平整的街道，一幢接一幢傣族独有的吊脚楼闯入你的眼帘，可以看出，这里傣族的民风民俗相当淳朴、纯正。

在曼贺，我们来到一个刚刚建成的很有规模很有气势的傣族院落。从外面看，这幢傣族房屋气势非凡，规整的院落，灰墙黛瓦，镏金房檐，粗壮高大的柱脚支撑着漂亮的建筑，在众多傣族房屋中显得与众不同。

推门走进院子，一位敦实的壮年汉子正在院内砌花池子，冲我们憨憨地一笑，热情地打着招呼，并放下手中的活计，邀大家上楼喝茶。

主人名叫李家兴，52岁，本来是汉族，1986年来到这里，再后来做了傣王的孙女婿，便改汉入傣了。

李家兴说，曼贺共54户人家，218口人，这里的茶树已经不多了，全寨大约就有100多亩茶园，都是1956年左右种下的大树茶，这里气候好，土壤肥沃，适合茶树生长，所以质量很好。

目前，他家里有几亩树龄已经几十年的野放大树茶园，每年采下来的茶，留下一部分自己来喝，剩下的还能卖些钱。另外，还有六七十亩橡胶园，十几亩咖啡园，还有15亩土地租给外人种香蕉，生活挺富裕，2012年动工盖了现在这幢500多平方米的新房子。

如此算来，这傣王的孙女婿还真算得上"地主"了。

就在我们聊天的时候，傣王的孙女采茶回来了，一上午采回来十几斤大树茶青，茶青还真的不错，芽头肥硕，持嫩性强，原料很好。但由于当地数百年来形成的传统制茶方法不是很科学，导致很好的茶青做出来的晒青毛茶质量却一般。

整董 融合

ZHENGDONG

几天后的3月24日下午，我再次来到整董镇这个傣寨，只因有件心事未了。

前几天，我在这里采访时，听说寨子里有位80多岁的傣族老人，当年他一直在赶马帮，这些当年赶马帮的人已经越来越少了，很想听听他老人家在茶马古道上的故事。那天老人上山劳动去了，未曾谋面，但我心中一直惦记着这位当年的赶马人，所以今天又特意从县城赶过来碰碰运气，结果老人又没在家，听说上山干活儿去了。本想上山去找老人，寨子里的人说，说不准老人在哪座山上，没办法找到。云南的生态环境特别好，不光植物生长得茂盛异常，就连人的寿命、体能也超乎寻常，80多岁的老人还能走很远的山路到山里劳动。今天又没能见到老人，留些遗憾吧，等我再来江城时，一定要来拜访这位心仪已久的傣族老波涛，聆听一下当年他在茶马古道上的那些奇闻逸事。

用GPS定位仪测量整董傣寨的结果：

海拔855米，北纬22°29′14.8″，东经101°30′26.5″，当时温度：29℃，相对湿度81%。

整董 融合

ZHENGDONG

茶马古道响铃声

在云南十万大山深处，有数不清的茶马古道。这些古道，多年来一直承担着繁重的运输任务。那蕴藏于大山深处的灵秀，在当时，只有通过一代代马帮辛苦地人背马驮，才能走出大山，走进人们生活。

近几年，我有幸多次去云南考察，在云南省境内先后多次走访过不同地点的茶马古道，在那些凹凸不平的古道之上，遥听古道上的牛马铃声，追寻岁月之悠长，感受古人之艰难，慨叹今日之发展。

云南大山深处的这些茶马古道，听起来都很容易，其实走起来可是相当困难。一路之上，翻千山涉万水，险象环生，生死难料，充满无法想象的艰辛。

雅贤楼 茶文化

100

整董 融合

ZHENGDONG

　　人们常感叹蜀道之难、剑阁之险，可是对于茶马古道的马帮来说，那或许只是小儿科而已。因为马帮所走的茶马古道，处在亚洲板块最险峻的横断山区，一路上山高谷深、大山大川纵列分布，其间猛兽时出、毒虫难料、瘟疫疾病、雪崩滑坡等任何灾难都足以致人马于死地，加之匪盗出没，人死货损的事时有发生。而且更为难办的是，并不是每一次茶马贸易都能成功，这对于马帮来说都是严峻的考验，都是一次事关生死的探险。在这听起来很古雅的道路上，不知有多少个马帮人死马亡，尸骨难全；也不知有多少个马帮怀着意志的失落和事业的失败，而抱憾终生；也不知有多少个妇女在倚门倚闾，翘首盼望自己心爱的人早早归来；也许她还在朝思暮想的男人早已成为茶马古道上的一缕清魂。可以这么讲，自古以来，马帮对于茶山的茶业发展是至关重要的，如果没有马帮，澜沧江两岸的茶树也只能在岁月的流逝中花开花落。

雅贤楼 茶文化

整董 融合

ZHENGDONG

有人说"干马帮就等于冒险，就等于提着脑袋找饭碗"，但对要生存要发展的马帮来说，冒险并不仅仅是拿生命财产作赌注，而是需要非凡的胆识、坚韧的毅力、勇敢的气魄和卓越的智慧。所以在过去，无论在西南的哪个地方，能干马帮的人都是意志坚定、能力高超的强者。

尽管干马帮并非易事，就像中原地带的银号镖局一样，但是西南地区的马帮还是不少，如《十二版纳志》中就有这样的记载：每年到冬晴季节，都有成千上万的马帮从祥云、镇南、蒙化、景东等地涌入勐海。

在清末民初，进入思茅地区的马帮共有3路，分别是：从滇南、滇中一带来的前路马帮，从滇西方向来的后路马帮和从滇西北来的藏族马帮。一个大的马帮由3个小马帮组成；而一个小马帮有八把组成，一把由5匹驮马组成，每一把都有一位赶马人；每帮都有大锅头和二锅头两人，各骑一匹马，有些大的马帮还有三锅头。而且每个马帮都有头马一匹。头马头戴红缨彩绸明镜，脖子上带有大小的铃铛，插个三角彩旗，上书帮主字号。马帮在越村过寨时以铜锣开道，传音数里，便于马帮间相互避让。一时间，人喊马腾，漫山遍野，生机勃勃，气势壮观。

缘于此，每次在云南大山深处考察的时候，我都会尽可能地努力发现当地是否还有茶马古道。今天，据陪同我一起考察的唐金亮说，在曼井寨子西头，就有一条世人不知的茶马古道遗迹，已经荒废多年，基本没人走。听到这个消息，我执意要前去查看个究竟。

爬下一段堆满垃圾的陡坡，穿过密密的竹林，在各种杂树掩映下隐约可见一条斑驳的茶马古道。随行的江城县茶办主任王云高也很兴奋，他也不知道这里有条茶马古道，拨开古道石块上的枯枝落叶，一条完整的石砌古道便清晰地呈现在人们的眼前。这条古道不太宽，但很规整，想象一下，当年的人们是如何用心在这高山深谷之间，流淌了多少汗水，历尽了多少苦难才砌成了这条不知通向何方的茶马古道啊。

—

整董 融合

—

ZHENGDONG

—

古道上砌筑的石块长满了青苔，但掩盖不住蹉跎岁月磨圆的棱角以及那清晰可见的马蹄印迹。坐在散发着远古气息的台阶之上，透过树叶的缝隙，遥望那神秘的深处，真想顺着这条世人不知的古道走向大山深处，沿着先人的足迹，聆听叮叮当当的马铃声，寻找先人在这条古道上的传奇故事。但石壁上生长出的各种杂树，严密地遮挡了人们的脚步，我前进不得，无可奈何，唯有叹息！

唐金亮说，他也是偶然知道这儿有条古道，荒废多年了，没往里走过。听老辈人讲，当年这条古道是整董镇非常重要的一条与外界相连的路，马帮牛帮都是在这条古道上把茶叶等货物驮进驮出。再后来，有其他路能够通行了，这条古道就逐渐荒废没人走了，临近寨子边缘古道上的石块，也被寨子里一些盖房子的人挖出来做柱脚，去年，寨子里用推土机修小广场时，又把一段临近寨子的古道填埋掉了，就剩下今天看到这个样子了。

我由于当时在那条古道上只顾忘情地感受着远古的气息，却忘记了用GPS定位，这可马虎不得，下午还是坚持返回到那条古道之上，用GPS定位仪测量的结果：

海拔845米，北纬22°29′01.6″，东经101°30′30.9″，当时温度：33.6℃，相对湿度81%。

雅贤楼 茶文化

—
整董 融合
—
ZHENGDONG
—

傣族风俗有传说

趁着午餐后休息的空档，和唐金亮聊聊有关傣族风俗的话题。

我们现在所处的寨子曼井曼贺曼贺井其实是一个大寨子，是云南十二版纳之一。西双：傣语十二的意思，版纳：傣语版图的意思，西双版纳就是十二个版图。

当年，这里归土司管辖。土司为了更好地管理自己的版图，就把有些地方的管理权委任给二官寨，大土司每年骑着大象巡查一至两次，傣族有严格的等级制度，只有土司才有资格骑象。

傣族土司有位少爷叫召存信，出去读过书，有见识。按照傣族的规矩，只有上等人才有资格读书，不是谁都能上学的。这个人很有能力，还有正义感，愿意

为民众做事情，解放后曾任景洪第一任州长。

傣族的姓氏也是有极其严格规定的：

土司家族，姓召。召姓在傣族中是至高无上的，是尊姓。

保卫护卫，姓刀。刀姓在随傣王出巡时是绝对不许上桌吃饭的，否则会被杀头。

普通民众，姓白。白姓是傣族中的下姓，我在采访中见到最多的就是白姓同胞。

傣族本来也是有名无姓，男孩儿叫岩（读ái）某，女孩儿叫玉（读yù）某，结婚后，男孩儿改叫波（bō），叫波某，女孩儿改叫咪（读miē），叫咪某，以此往复，无穷无尽。等男孩儿女孩儿都上年纪了，老爷爷就叫老波涛，老奶奶就叫老咪涛。

一般家庭都是把小孩儿在七八岁时送进缅寺，在寺庙里学习傣族文化，相当于现在的学校。到了20岁左右成年后，可以还俗，娶妻生子。成绩突出者，可以留在寺里继续学习，将来做佛爷。

傣族人相信万事万物皆有魂。

在婚礼上，佛爷用红线把新婚男女两个人的手拴在一起，再念一两个小时经，表示两个人的魂儿就合在一起了。

每年谷物收成后，吃新米前要叫谷魂，谷魂叫回来了，第二年谷物才能再丰收，谷魂叫不回来，怎么能有收成？并且要选择申日叫谷魂，因为申为猴，猴有

雅贤楼 茶文化

107

整董 融合

ZHENGDONG

粟穰，告诫人们做事要留有余地。只有叫过魂儿，新米节吃过后，谷物才能进行交易，一般情况下是在每年阳历九十月份。

傣族人始终懂得感恩，过年的时候，要给牛拴上红线，添上谷物，道声辛苦。板凳上也要拴上红线，感谢板凳供人休息。

另外，傣族的节日也多，比如说，门节。每年四五月份，雨季来临之季，要过关门节，一般情况下就不出门了，包括走亲戚，如没特殊情况，都不能走动。雨季结束后，要过开门节，节后才可以走亲访友，办喜事等等。

傣族最热闹的要数泼水节。

泼水节在傣历的新年，也就是阳历4月14-16日。大致的意思就是洗掉霉运，焕发新生。

泼水节的来历，也有个不老的传说。

传说过去有个暴君，对臣民非常残暴，老百姓都非常恨他，但他的势力强大，谁也奈何不了他。

这个暴君共娶了9个老婆，在9个老婆当中，他最宠爱九老婆。有一天他喝醉酒后失语说，现在天下谁都治不了我，能致我死命的就是我的头发丝儿。

九老婆看到在暴君统治下生灵涂炭，虽然受暴君宠爱，但还是下决心为民除

雅贤楼茶文化

害。有一天，趁着暴君喝醉了酒熟睡之机，把暴君的头发丝儿横着放到暴君的脖子上，暴君的头立刻就掉了下来。可是，这个头怎么也销毁不掉，没办法，9个老婆就轮流抱着用水浇。后来就演变成过泼水节表示为民除害，驱邪避祸。

在整董镇洛桑广场，有几棵参天古树，这些高大的古树，历经千年风雨才长

雅贤楼 茶文化

整董 融合

成这么古老高大的树。世代居住在这里的少数民族兄弟姐妹，就是在这里生息繁衍，大榕树见证了这里人们的生活，见证了这里的一切。

我们今天还能站在大榕树下乘凉、散步，这都是上天给予我们的恩赐啊！希望天下所有人都要善待上苍赐予我们的万物，感谢上苍赐予我们的庇荫。

洛桑广场，也有一段凄美的爱情故事。

传说，这个寨子里有个叫洛桑的年轻人，出生在傣寨中比较有钱的商人家庭。人长得英俊潇洒，品德出众，能力超群。

有一次，洛桑在老挝经商时，遇到一位美丽的老挝姑娘娥饼，两人一见钟情。但是洛桑母亲却极力反对这段感情，她希望儿子能娶当地土司的女儿，好攀权附贵。

就在洛桑外出做生意的一段时间里，有孕在身的娥饼跋山涉水，历尽千辛万苦来到寨子里找心上人洛桑。

在等待心上人洛桑归来的日子里，洛母对娥饼百般刁难。傣族的习俗上楼要光脚不能穿鞋子，洛母就在楼板上镶满铁刺，扎得娥饼鲜血淋漓，还不让她吃饱饭，后来，娥饼非常绝望，实在住不下去了，决定返回老家，但回家的路远隔千山万水，虚弱的她因失血过多而死在了回家的山路上。

待洛桑回到家中，听说日思夜想的心上人娥饼来找自己时遭遇母亲的虐待，急忙沿途寻找，等找到娥饼时，已是阴阳两隔。洛桑抱着心爱的女人欲问苍天而无泪。

后来，洛桑发誓终生不娶，以示对娥饼的忠贞。同时，他还扶困救贫，行善积德，因此深受百姓的爱戴。

踏古寻幽访曼滩

2014年3月19日下午3点半左右，我们从整董镇出发，前往漫滩老寨。

2013年3月，我在江城考察时曾去过漫滩老寨，但由于时间仓促，总感觉有些不尽兴，今日再次来到江城，岂能错过。

越野车沿着一条虽然盘曲但还算平坦的公路向漫滩老寨前进。

忽然，车停在一条长长的车龙后面，仔细打听，原来前方在修路，禁止通行，具体什么时候能通车还不得而知。近几年我常在云南采风，对这种随时停车等待的现象早已习惯了。

其实这次坚持要去漫滩老寨，除了我们要领略傣族风情以外，每个人心中还存着另一个愿望。听随行的唐金亮说，有一群野象就在这漫滩附近的群山中活动，刚刚还与野象跟踪员通过电话，这群野象就在我们对面那座山的后面。在当今到处都有人类活动的情况下，还能有野象群出没，也能说明人类已经很注意保

护野生动物了。但另一个问题也很突显，那就是人类的活动在影响着野生动植物的生存空间，野象袭击人的现象时有发生。

本月13日中午，在漫滩陇山箐小组，一位61岁的张德芬大娘在离寨子5千米外的自家咖啡园打农药时，被大象踩死，家里的12亩咖啡园也都被大象毁坏了。后来，在我回到长春之后，又看到一则消息说，4月12日，同一小组的的六旬老汉赵家有在自家的玉米地也是被野象群踩死了，接二连三的野象袭击人的事件，令当地的人民群众寝食难安。

唐金亮说，昨天还有村民打电话报警，害怕象群进寨子伤人，如果昨天来漫滩，在公路上就能看到象群，现在，象群还在山后面休息。这群象几年前只有27头，3月15日，在漫滩河上最集中时有人一次就看到了54头野象。这个野象群听说是从版纳、野象谷、老挝过来的3个象群合为一体的，在当下的中国境内，这么大的象群已经十分罕见。

难怪，在从普洱到江城临近漫滩的公路旁的山坡上，矗立着高大的告示牌：野象出没，注意安全。

据说，野象群白天会找个视野开阔的背山坡休息，警觉性特别高，一旦发现有不安全的情况，整个象群会立即头朝外把小象围在当中保护起来。母象怀孕22个月才能生下小象，所以整个象群对小象都倍加爱护。不久前，有头小象不幸夭折了，母象守在小象旁一直不肯离开，直到小象尸体开始腐烂。

我们为大象的母爱所感动，同时也期待着与这些大自然的精灵们不期而遇，希望在目力所及的安全视距内看到真正的野象群。

听唐金亮说，我们将要前往的漫滩村共有19个村民小组，漫滩小组共108户人家，500多口人，全寨共有茶园800亩左右。

雅贤楼 茶文化

整董 融合

ZHENGDONG

晚5点半左右，我们终于来到了漫滩老寨。

这是一座保存得相当完好的傣族村寨。

清澈的曼滩河从寨子门前欢快地流过，跨过一座石桥，我们来到寨子跟前。

在寨子村头，一位傣族妇女卖的豆花很有特色，舀上一碗，撒上一勺白砂糖，甜甜的香香的，味道好极了。

回头望去，这里典型的傣族吊脚屋一家挨一家，高高的、尖尖的长满了绿苔的黛青色老屋顶犹如诸葛亮的帽子，错落有致地依山排列。

沿着寨子里被几代人踏光了的古老的石头台阶拾级而上，你仿佛来到一个与世隔绝的世外桃源。寨子内外长满了数百上千年的高大树木，与不远处的群山遥相呼应，浑然一体。随处可见的木瓜树结满果实，而芒果树则开着细嫩的、淡淡的黄花儿，房前屋后的青竹挺着劲地向上直蹿……这就是云南地理的特殊性，在这儿没有春夏秋冬的概念，什么季节都有生命，什么季节都有收获。

在一家房檐下，几棵酸角树上结满了成串成串的酸角。征得主人同意后，用竹竿打下一些，我拣起来尝尝，今年打下的是甜角，不是酸的。去年春天，我把打下的酸角冒然地嚼上一口，哎，那个酸哪，我只是吃了小小的一点点，直到第二天早晨，我的牙还都是"倒"的，至今一提起曼滩古寨的鲜酸角，嘴里还条件反射般地直冒酸水。

在一幢幢傣族吊脚屋前后转来转去，发现一个稍显宽敞的地方，立着一个祭祀用的差不多能有一人高的塔状建筑物，右手旁是一棵高大的用来辟邪的树状金刚钻，这里就是漫滩老寨的寨心，我怀着崇敬的心情，深深地鞠躬三拜。

用GPS定位仪测量漫滩老寨寨心的结果：

海拔864米，北纬22°25′57.6″，东经101°33′35.3″，当时温度：33.3℃，相对湿度35%。

天下爱茶的人们以及热爱旅游的朋友们，当你们找到这个坐标点，就来到了漫滩老寨的寨心，才证明你真正地来过漫滩老寨，否则，你就是边缘化的人。

整董 融合

ZHENGDONG

经过寨心，看到有人在炒茶揉茶，我见揉茶的两位少妇揉茶的方法有些不对路，就过去跟她们讲，正确的方法怎么做。说了半天，她们只是冲你微笑，感觉她们没听懂，就动手示范给他们看，她们看得很认真，点头称赞。旁边的一位中年妇女说，她们是老挝那边嫁过来的媳妇，还听不懂中国话。哦，难怪她们只是对你微笑，原来我说的是"外语"。

我们走一家过一户，到处都能看到人们的笑脸。从村口那一垛垛整齐排列的劈柴，脚屋里立在墙角的各式各样的背刀，都说明了寨子里人们的勤劳。我们还看到，牧牛归来的傣族老波涛，帮助晚辈带孩子的老咪涛……

这里仿佛没的邻里之间的斤斤计较，没人为了利益而用尽心机的尔虞我诈。置身其中，你感受到的就是静谧、安详、和谐。

雅贤楼 茶文化

116

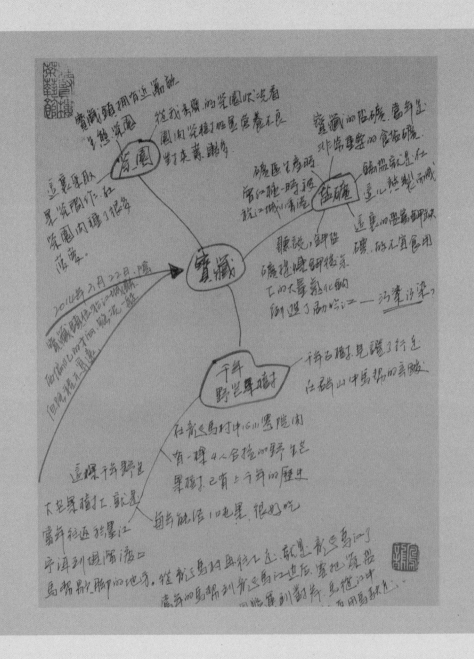

寶藏

宝藏
BAOZANG

行走

宝藏 行走

行走

宝藏万亩茶飘香

芒果树下驻马帮

解放初期的故事

宝藏，钾盐丰饶，茶果飘香，

凡物产丰盛的土地，

必然加速人与物产行走的步伐。

流通富裕了人们的生活，

行走丰富了生命的阅历。

村小前的千年果树，昔日为马帮们打尖纳凉，

今天又在保佑后代们的锦绣前程。

一颗树伫立千年，无数人行走千山。

今天，

江城的茶走进了北欧人的生活，

除了自古天成的上乘品质，

更少不了世世代代行走天下的睿智与气魄。

行走，是人类最初始的动作，

走出去的是路，走宽了的是人生。

一

宝藏 行走

一

BAOZANG

一

宝藏乡 ── 海拔807米，北纬22°41′04.6″，东经101°38′59.6″，
── 当时温度：27.4℃，相对湿度51%；
宝藏乡茶园 ── 海拔882米，北纬22°40′27.3″，东经101°38′48.1″，
── 当时温度：28.3℃，相对湿度51%。

宝藏万亩茶飘香

2014年3月22日8点50分左右，我们从江城县城出发，沿214省道一路向东，在岔河折向东北方向，沿着勐野江边的一条乡级公路向宝藏镇出发。

不知道当初这里的地名为什么叫宝藏，但从地名看来，此处一定有些人间视为宝藏的东西，不然不会空穴来风起出这个地名。

从县城出来的时候，天阴沉沉的，似乎要下雨的样子。虽然下雨对考察行程可能会产生影响，但我还是希望下一场雨，以解当地的春旱之情。

　　汽车在勐野江边蜿蜒颠簸的公路上转来转去，我每年都来云南大山中考察，对于云南的山路早已经没有恐惧的感觉了，坐上车就得相信司机的方向盘。

　　沿途公路两侧有数不清的香蕉园，听随行人讲，宝藏镇香蕉园比较多，这里非常适合香蕉生长，因种香蕉农民也确实增加了不少收入。但我所看到的是不同的另一面，沿途公路两侧的沟壑之中，到处都是蕉农废弃的包裹香蕉果的蓝绿色塑料袋，听说，香蕉在种植的过程中还要大量喷洒农药，蕉农收入是增加了，但这个污染源怎么解决，有没有人解决？我是来考察这里茶资源的，讨论这些是不是有点儿杞人忧天？

雅贤楼茶文化

50多千米的山路，经过一个多小时的颠簸，我们在11点左右终于来到距宝藏镇几千米的一片茶园。

这是一片茶、果间作的茶园，在茶园里间种菠萝，是个不错的方法。此时，菠萝已经坐果成形，正在努力吸收大地的营养，茶叶也在天涵地哺地生长。茶香蕴着果味儿，果味儿里散发出茶香，真是天生地造的产物。

沿着茶园里弯曲的小路一路攀登，在半山腰上路过一个小屋，这是种茶人临时避雨歇息用的，还不到一人高。茶人们就是这样每天上山日出而作，日暮而归，精心蒔弄着茶园、果蔬，午间吃一口冷饭团，渴了喝口山泉水，下雨急急到小屋中躲避，才使山外的人们能喝上一口好香茶，好茶得来不易，且行且珍惜吧。

从我们考察的这片茶园看，宝藏镇的茶园管理尚显不足，茶芽对夹叶比较多，茶树明显感觉到营养不良。也许是现在大家都喊着茶园的管理过程中不打农药不施肥的思想在作祟，茶农尽量少施或不施肥，才造成茶园里的茶树明显营养不良，这样茶树会加快老化，产生的鸡爪枝也会越来越多，产量质量都会降低。茶园只有科学管理，才能既提高产量，又保证质量，使茶树健康生长。

我们在宝藏乡茶园，用GPS定位仪测量的结果：

海拔882米，北纬22°40′27.3″，东经101°38′48.1″，当时温度：28.3℃，相对湿度51%。

据接待我们的镇人大副主任向我介绍说，宝藏镇面积525平方千米，在户人口11000人左右。乡政府驻新家寨，公路由县城通乡府驻地，辖水城、板河、龙马、海明、前进、良马河6个行政村。主要以钾盐、茶叶、橡胶、咖啡、香蕉为支柱产业。其中茶园种植面积原来有七八千亩，在全县7个乡镇中茶业所占比例虽然不是太大，但江城这里天然就是长茶树的地方，尤其这几年，茶叶发展很迅速，又有

宝藏

新茶园建设，目前有差不多上万亩生态茶园了。他们这里主要生产绿茶，用来做普洱茶的晒青毛茶不多。

在回宝藏镇里的路上，随行人员指着山坡上绿树掩映的一处淡蓝色建筑群说，那里就是宝藏镇著名的钾盐矿区。

早年间，先人们在这儿发现了矿盐，开采出来后，用最原始的方法熬制成锅盐，然后由马帮跋山涉水历尽艰辛运到各地供人们食用。有一部分也运到曲水的坝溜渡口，从那儿再运出国境，到东南亚的部分国家。

后来，科学技术发展了，才知道这里出产的是钾盐，里面含碘量低，人类如果长时间食用这种盐，就会因为缺碘而得粗脖子病，所以，这里的钾盐国家就禁止食用了。再后来，这里的钾盐主要用来提炼钾元素，用来生产钾肥。

在矿区生产的那些年间，宝藏镇曾红极一时，外地客商及运输车队每天络绎不绝。当时，在江城所有乡镇中，宝藏镇的综合收入也是名列前茅的，被称为江城小香港，可见那时的繁荣景象。

矿区提炼钾元素的过程中，会余下大量的氧化钠，很多都被矿上倒进勐野江随波而去，对下游的水质也产生了很大的污染，目前，已经停产了。镇上也想发展旅游事业，曾设想找一块闲置的地方，把多余的氧化钠人工做出个大盐湖供人们旅游。

宝藏 行走

BAOZANG

　　听到这个大胆的设想，我不免有些担心，本届政府人工制造出一个"青海湖"，如果由此产生新的污染，这个责任由谁来负？一定要慎之又慎哪！

　　在宝藏镇通往县城的公路旁，还看到一个正在建设中的乡村别墅，听说这是新农村建设项目，那可是让城里人羡慕不已的别墅啊。

　　在行车的过程中，突然听到从良马河的一座铁索桥上传来阵阵歌声，原来有一群少数民族的少女正在桥上唱着民歌，此景一下子吸引住我的视线。

　　我沿着摇摇晃晃的铁索桥向河对岸走去，向歌声走去。少女们见有生人来，显得有些羞涩。我告诉她们，我是来自东北师范大学的老师，到这里来采访，是被你们美妙的歌声吸引过来，很想听听你们的歌声。少女们便大方地放开歌喉，尽情地唱着拉祜族的民歌。

　　站在这样一座简易的铁索桥上，面对开阔的河面，望着远处的群山，以及两岸望不到边界的茶山，听着拉祜族少女甜美的歌声，思绪平静而自在。

芒果树下驻马帮

　　江城，总是使人充满神奇的遐想，这里确实是一个美丽的地方。刚才我们的越野车从山下盘山公路向上驶来的时候，路标一方指示江城，另一方指向水城，这里明明到处都是层层大山，地名却使人充满无限的遐想：即有江城又有水城，显得那么浪漫而富有诗意。

　　沿着这条标明水城的山路向上没走多远，我们来到了龙马村中心小学所在地。听随行的摄影记者李知航说，就在这所小学的操场边上，有棵野生大芒果树。当年，他就在这所小学读书，芒果成熟的季节，每到下课铃声响起的时候，孩子们顾不得树上掉下的芒果砸疼小脑袋瓜儿，都跑到大芒果树下捡果子吃。微风吹过，树下地面上一层金黄色的芒果，小小的，酸酸甜甜的，非常好吃。小李讲述着儿时在芒果树下捡果子的故事，仿佛又回到那无忧无虑的孩童时代。

　　就在野生大芒果树靠近学校操场的一侧，建筑工人正在砌一堵砖墙。听学校领导说，这棵千年古树的枝桠已经承担不起风雨的侵蚀，有些腐烂了，经常往下掉，怕砸着孩子们，这可是千年古树，又不能砍掉，所以宁可减少学生的活动场

地也得砌上这堵墙，孩子们的安全第一呀！

听一位当地九旬的老人讲，在他小的时候，这棵大芒果树干就这么粗了，树冠就这么大，也差不多这么高。听说已经有上千年的树龄了，每年都能结2 000多斤果子。

我们绕过正在砌筑的砖墙，来到这棵千年古树下，四个人合抱不拢的粗大树干上那饱经沧桑的虬枝，斜向着伸向天空，托起千年的岁月。大树下，一块政府立的告示牌上写着：这是一棵树龄超千年的野生芒果树，树高30多米，胸径4.93米，冠幅25米×25米，占地0.067公顷，属国家二级保护树种。这可是上苍赐予我们的神树，今天我们能有幸见到这棵千年古树，缘分不浅哪。

据当地人讲，这里是墨江→文武乡→通光镇→红河→坝溜渡口这条运输线上的交汇点。当年，往返于墨江、宁洱到坝溜渡口的一队一队的马帮牛帮走到这里时都会停下来，在这棵野生大芒果树下乘凉歇息，打尖抽烟。

我的脑海中不禁浮现出当年的情景：千年野生大芒果树下，横躺竖卧着赶马人的铺盖，就在小学操场的山坡上，卸下驮架的骡马在山坡上打着响鼻儿吃着草料，以待明日在盘桓于山水间的坎坷古道上长途跋涉。

听老人们讲，从龙马村这里再往下走就是龙马江了。当年江水滔滔，比今天的水大多了，马帮想过龙马江是非常危险的。他们在这儿把驮上的茶、盐等货物卸下来装船运到江对岸，再把马赶过江。水大时因为体力不支，人马也有被淹死的时候，再加上还有虐疾、土匪等种种危险的情况，当年的马帮都是拿性命做赌注，每个赶马帮的都有一本血泪史。

站在这棵野生大芒果树下，行走在如今的小学操场上，你仿佛还能看到当年那些马帮穿越于山水之间的疲惫身影，还能听到那回荡在山谷深处的牛铃马铃声声。

—

宝藏 行走

—

BAOZANG

—

宝藏 行走

BAOZANG

宝藏 行走

解放初期的故事

宝藏镇在解放初期，也曾经发生过很多惊天动地的故事。

1949年8月初，中共思普地委派出以苟彬为队长、苏泽为副队长的第三武工队，并在各乡开展农村建政工作。经过一段时间的努力，完成了各区的建政，成立了区人民政府，村也先后成立了村人民政府和农会、民兵等组织。

因临时政府及政工队、军队运行军费奇缺，1950年4月，县临时政府派地方干部和军队干部组成征粮工作队，宣传发动群众，组织征收1949年度公粮。

这时，原国民党宝藏乡长谢朝英勾结嘉禾区的杨益清、康平区的普灿，准备进行武装暴乱，企图破坏征粮工作，推翻人民政府，夺回"失去"的政权。6月初，谢朝英密谋策划，派人给全区5个村的村长、农会主席传出口信或书信，要

求各村做好准备，组织民兵，配合攻打区政府。随后，谢朝英在石牛和荒田召开了3次骨干分子会议，筹划暴乱从石牛开始，迅速扩大到五村，组织力量攻占大路边的区政府，然后攻打勐野井，最后配合嘉禾区杨益清攻打县城勐烈街。谢朝英指使人员缠住在石牛的4名征粮队员，派人到勐旺寨召开会议组织人员，稳住征粮队，监视半边寨的征粮干部，妄图将县、区派到5个村的7名征粮队员一网打尽。就在谢朝英一伙密谋策划，即将暴乱的时候，宝藏区政府已经发觉了他们的阴谋，为此以汇报工作的名义通知征粮队回区上集中。10日，住石牛的4名征粮干部打好背包准备返回区政府时，暴乱骨干代发清假意挽留，派人把守石牛通往区政府的道路，在征粮队员毫无戒备的情况下，谢朝英带领10余人暴乱分子包围了代发清家的小客房，抢走了征粮队的全部武器（3支大枪，1支手枪）。征粮干部边与暴匪搏斗边向外突围，终因寡不敌众，杨淑珍、周锦辉两位女干部被暴匪抓住。部队排长郭根山牺牲，另一名解放军干部奋力向村外突围，回到区政府报告了情况。被抓的杨淑珍和周锦辉经受了百般的凌辱和折磨，11日押送经隔界箐时被暴匪用乱棍石头毒打后杀害。石牛暴乱发生后，当天晚上谢朝英又带着一伙暴乱分子窜到半边寨，把征粮队员魏道能残酷杀害。暴匪"大队长"李国安从石牛回到勐旺寨后召集骨干分子开会，传达了谢朝英的暴乱计划，听候谢朝英的指挥。驻勐旺寨征粮的是解放军一一六团班长范小旦、副班长吕国成，因范小旦生

宝藏 行走

BAOZANG

病，决定回区政府医治。10日晚2人住在下寨，次日凌晨，李国安带领暴匪追到下寨，枪杀了范小旦和吕国成。暴匪劫走解放军的武器后与谢朝英会合。11日上午，谢朝英率领五村的暴乱分子100余人扑向大路边区政府，在普伞坡与一村（前进）和二村（海明）的暴乱分子会合，匪众达300余人。谢朝英派人到二村河口一带追击转回县城的征粮工作队，只拦劫到跑散的两匹马和少量的物资。谢朝英带领暴乱分子分三路进攻区政府，区政府的6名解放军战士和10多名地方干部，分头伏击，进入战斗准备。当谢朝英带领的暴乱分子到达离区政府1千米左右的坤山头时，受到征粮队的猛烈射击。枪声一响，三路暴乱人员慌忙撤退，大部分退到一村的箐头，谢朝英带一部分人员退回五村的杨偏福。第一次攻打区政府失败后，谢朝英又派出人员到各村寨煽动、诱骗和胁迫群众参加暴乱，准备再次进攻区政府。在他的威胁利诱下，部分群众被迫参加了暴乱。6月12日，在敌众我寡和平暴部队尚未到达的情况下，区干部和征粮队撤出区政府。13日，谢朝英占据了区政府，他们除了搜到区干部转移时带不走而留在群众家中的两支枪以外别无所获。几个小时后，县政府派出的平暴部队和区干部、征粮队到达大路边对面的红毛树垭口，与暴乱分子交火，暴匪一触即溃，往后退却，一部分人逃回家中，一部分人跟着谢朝英退到箐头，妄图利用险要地势阻挡平暴部队。谢朝英一面在箐头开会煽动，一面派人催促二村和五村把暴乱分子带到箐头集中，当晚谢朝英在箐头附近布置了4道岗哨。6月14日，平暴部队追到箐头，放哨人鸣枪报警，暴乱分子立即四处逃散，个别持枪顽抗者被当场击毙，多数被胁迫参加的群众跑回家中，把武器交给了解放军。谢朝英的叛乱从发动到平息只持续了5天时间。暴乱失败后，谢朝英和3名骨干分子东躲西藏，逃过了平暴部队的搜捕。1951年4月镇压反革命时，谢朝英等人逃到境外。暴匪"大队长"吕本让在逃跑过龙马江时淹死了。

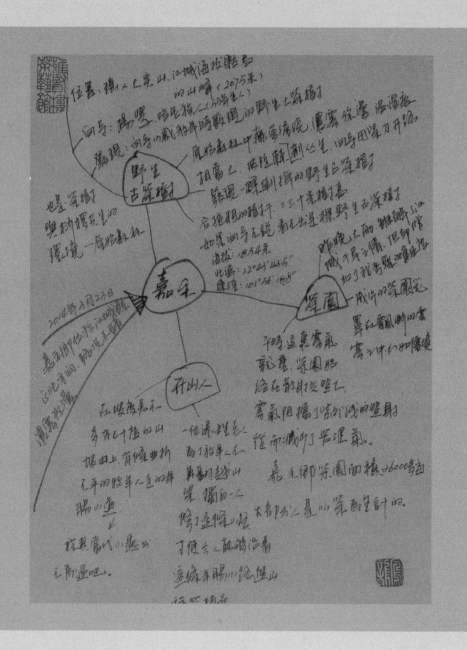

嘉禾

JIAHE

心路

嘉禾 心路

JIAHE

心路

雨润嘉禾茶山翠

瑶人尖山探野茶

心中敬仰开山人

每一株野生茶树的芽叶，都有自己独特的味道，

这是原始生命的个性表达，

只有生活在这里的有心人，才有机会与某一株有期而遇，

几十年关注，几十载品评。

开天辟地，是人类敬重的神明壮举，传说中移山的愚公我们在这里寻到了原型。

从儿时稚嫩的梦想，到一锤锤开山铺路，

牧羊老人用心默默坚守着自己的路，用路温暖了乡邻的情。

旅程，

亦是一段心路，触碰他处的风景，感怀自己的人生。

对于爱茶的人，茶多酚比酒精更易醉，

从山间到舌尖，是你与一株树的对话；

从马背到茶杯，是你与一群人的缘分。

心路，在路上，更在人心，

向每一片叶致敬，给每一颗心温暖。

雅贤楼茶文化

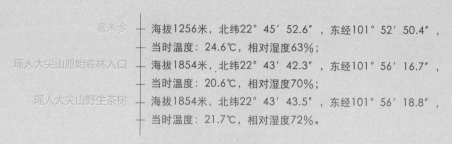

嘉禾乡	海拔1256米，北纬22°45′52.6″，东经101°52′50.4″，
	当时温度：24.6℃，相对湿度63%；
瑶人大尖山原始森林入口	海拔1854米，北纬22°43′42.3″，东经101°56′16.7″，
	当时温度：20.6℃，相对湿度70%；
瑶人大尖山野生茶树	海拔1854米，北纬22°43′43.5″，东经101°56′18.8″，
	当时温度：21.7℃，相对湿度72%。

雨润嘉禾茶山翠

2014 / 03 / 23　　　　　　　　　　雾

昨晚的一场大雷雨使江城的空气显得格外清新，也解了江城几个月来的持续干旱。按照行程计划，今天要到嘉禾乡考察。

嘉禾，我不知道当初是如何定下这个地名，当听到这个地名的时候，就已经心驰神往了。唐代茶圣陆羽在《茶经》开篇就讲：茶者，南方之嘉木也。此嘉彼嘉皆嘉也，是历史的巧合还是另有隐喻呢？嘉禾乡，那里的茶树是不是茶圣陆羽所说的南方之嘉木呢？不管怎么想，我坚信，那里一定有我要找的茶。

昨天就听说，从县城到嘉禾乡的214省道正在补修，车辆要分阶段放行，所以我们早早起床，争取在还没封路之前赶过补修路段。

由于嘉禾乡所处的地理位置海拔比较高，再加上昨晚的一场大雨，使得空气中的湿度越来越大，能见度也越来越低，几十米开外已经是朦朦胧胧看不清路面了。

嘉禾 心路

JIAHE

　　此时的车窗外，雾气笼罩下的成片茶园缓缓地向后退去，除了汽车引擎的声音外，一切都显得那么安静。公路上，偶尔会遇到几辆迎面驶来的汽车，还会碰到个别的牧牛人，牛仿佛是从天上走下来，细看却是从山坡茶园赶下的云南特有的小黄牛。此情此景，真是太美了，我情不自禁地要求司机停车，到公路边的茶园里感受一下。

　　我们沿着茶园里一条弯曲的小路，踏着泥泞但散发着清香的泥土，向上攀登。当我喘着粗气爬上高坡，回头再看眼前的茶园时，茶园美景真是令人叹为观止。成片的茶园笼罩在缥缈的雾气之中，宛如仙境一般，从山下向上仰望，此时的我是站在云端的茶园里吧。

　　因为这里地理位置特殊，山里平时雾气就重，每天中午太阳上来后，雾气才逐渐散去。想象一下，茶园每天都是笼罩在这样的雾气之中。处在漫散射光环境之下的茶树，雾气减缓了阳光的直射，阻止了部分紫外线的影响，减少了茶叶内花青素的产生，从而使茶叶苦中有甘，涩味减少。

　　陆羽在《茶经》中说：其地，上者生烂石，中者生砾壤，下者生黄土。这里虽不像茶圣陆羽所说的上者生烂石之土，但细看脚下，也是介于烂石与砾壤之间的肥沃土壤。如此看来，这里完全符合高山云雾出好茶的条件，一定会孕育出上好的茶品。

—

嘉禾 心路

—

JIAHE

—

　　县茶办主任王云高是这儿的明子山村挂钩联系群众试点单位的领导，所以对嘉禾乡比较熟悉。据他介绍，嘉禾乡在户人口14 300多人，常住人口在17 000人左右，面积546平方千米，26～27人/平方千米，全乡收入约1.2亿元，其中茶叶收入5 000多万元，大部分人是靠茶吃饭的。全乡共有茶园26 000亩，其中10 000亩由农场集中管理，另外16 000亩由茶农分散管理。主要做晒青绿茶及普洱茶的原料。嘉禾乡树龄最大的100年左右，多数是三四十年代种的，大树茶园有一大部分是五六十年代知青种下的。

　　这里的自然条件适合茶树的生长，质量高产量大，但由于茶农思想保守，对外信息联络不畅，也没有品牌意识，销路一直不好，基本上还是停留在最原始的销售原料阶段，所以，这里茶农的生活很艰难。王云高对我说，徐老师你也看到了我们的茶园，通过你对外宣传宣传，让天下爱茶的人知道江城有好茶，江城的每一片天生地蕴的好茶里面，都有茶农一颗质朴的心，让更多的人来尝尝我们江城的茶吧。

　　站在茶山之巅，远望云雾之中虚无飘渺的茶山，呼吸着清新的空气，嗅着泥土的芬芳，还有那漫山遍野的淡淡茶香，感受着时间的流淌。真切地与大自然的亲近——这种享受，是都市人无法想象、无法体会的。

　　从这片茶园出来前往下一个考察目标的途中，于颠簸的汽车上，从保温杯中倒出一杯香喷喷的普洱茶，美美地喝上一小口，瞬间，忘记了汽车在浓雾中前进的艰难。这就是2014神奇的寻茶之旅，我们的汽车行驶在崎岖的盘山公路上还能喝上这么好的普洱茶，简直就是在享受着神仙般的生活啊。

　　行前，朋友们得知我又要到云南大山里考察，都嘱咐我适时在微信上发一些考察纪实，与大家共同分享。当看到我在朋友圈中发出的图片，很多朋友都很羡慕，并发出感慨。其实，我们在采访的过程中真是历经千辛万苦，我们更愿意展示给朋友们最阳光的一面，找到真正的好茶是要付出努力的，寻到后的喜悦则溢于言表。我知道，在接下来的寻茶之旅中，一定会有更加艰苦的工作要做，也一定有更加令人惊奇的故事发生。

嘉禾 心路

JIAHE

瑶人尖山探野茶

2014年3月23日8点3刻，我们来到了嘉禾乡联合村路边的一个农家小院，这个小院的主人，就是我今天去瑶人大尖山寻找野生古茶树的向导。

这是一个坐落在公路边的山里农家小院，院子被料理得井然有序。院墙一角的火塘上，被烟火熏得黝黑的水壶哧哧地冒着热汽；猪圈里的几口大肥猪已经吃完早食，在圈里来回转着溜弯儿；散养的鸡们，在大公鸡的带领下也都陆续来到山坡上的茶园里寻找草籽小虫子等可口的食物；一黑一黄两条小狗，看到我进得院来，表现得相当友好，围前围后地跳着，丝毫没把我当外人。

无论是动物、植物还是人，只要你拿出真心去善待万物，万物就会善待于你，此乃天地之道。

女主人在院里院外忙活着，听我们说明来意，忙给在外干活的丈夫打电话，催他快点回家。

　　十几分钟后，一位壮实的中年汉子从外面赶回来了，他就是今天的向导，哈尼族大哥，55岁的杨学先生。是他在13岁那年在山里放羊时发现了这儿的山里有野生古茶树，今天，杨大哥亲自带领我们进山，到深山里的原始森林中一睹野生古茶树的尊容。

　　杨大哥说，距山里有野茶树的地方还有很远的路要走，从这儿到半山腰有条简易山路，不知道汽车能不能开上去。

　　司机小朱抬头朝山上看看了，信心百倍地要试一试。

　　春雨使本来就破烂不堪的崎岖山间土路更加难走，你真得佩服云南司机师傅的驾驶技术，汽车在残破且泥泞的山路上东摇西晃，努力地向山上爬去。车窗外，成片的茶园笼罩在朦胧的晨雾之中，摇摇晃晃地向后退去。空气的湿度很大，在汽车的风挡玻璃上结满了水珠儿，仿佛伸手抓把空气，都能拧出水来。

—

嘉禾 心路

—

JIAHE

—

经过很长一段艰难的爬行，汽车终于喘着粗气，停在了一个山坡前，前面已经无路可走了。真得感谢司机师傅，否则，这一段山路，我们一小时也爬不上来呀。

在向导杨大哥的带领下，我们沿着一条名副其实的羊肠小道向山里进发。由于心中充满期待，脚下不免有些着急，结果没走多远就气喘吁吁、汗流浃背了。

根据了解，从停车处到野生古茶树的位置大约有三四千米的山路，这几千米山路对于我们平原人来说有如登天。

听杨大哥说，这是一条牧羊人专走的小路，以前连这样的路都没有，想放羊得从山岭之上爬过去。后来，寨子里有位姓张的牧羊人修了这条小路，我们今天才能沿着这条路走上山去。我不由得敬佩起这位修路的老人，下山时，如果有机会一定前去拜访，并对老人家表达敬意。

突然，在前方传来叮铃叮铃的声音，原来我们走到了一座山羊圈跟前。杨大哥特意过来查看一下羊圈里的情况。一只小山羊羔跑出了圈门，老山羊忙站在圈门口咩咩地叫住小山羊羔，警惕地盯着我们这些陌生人。羊圈边的山坡之上，成片的茶园就隐藏在一片雾霭之中，远处隐约可见的参天大树傲然屹立，为茶园遮

光挡风，这才是唐朝茶圣陆羽所说的阳崖荫林之所在。这样的自然环境，想不长出好茶都难。

前面还有很远的山路要走，不能在这耽误太多时间欣赏美景，还是沿着那条凹凸不平的仅容一个人通行的羊肠小道继续向上攀登。

经过一段时间的适应期，我的呼吸也逐渐平和下来，才稍有心情看看沿途的景色。

虽为云南春天最干旱的季节，但小道两侧的高大树干上都长满了青苔，还寄生出很多连当地向导也叫不出名称来的各色植物。经过一场春雨的浸润，这里的一山一石，花草树木等各种生命，都焕发出勃勃的生机，和前几天我们在大山里看到的状态已经完全不一样了。树干上的青苔饱饱地吸满了水分，绿绒绒湿漉漉的，像毯子一样。

此时，阳光从浓密的树缝儿里挤进来，森林里更显得绿影婆娑，别有韵味。虽然这里没有科学仪器测量，但能感觉到负氧离子的富足，喘口气都感到莫名地舒服。

由于我们这些平原来的人本身就不太适应这里高海拔的环境，加上连日来马不停蹄的奔波采访，几天来一直有感冒症状。今天早起还浑身酸痛，鼻塞胸闷，

嘉禾 心路

刚刚上山的时候还不太舒服，可一旦深入大山，我的心情便豁然开朗了。呼吸着这里的新鲜空气，欣赏一路风光，杨大哥还随手摘给我一些野生黄泡果、杨梅、多依果等等很多好吃的野果子。现在我已经浑身轻松，鼻息通畅许多了。

阳光已经驱散了漫天的雾气，树林里明显清晰了很多，望得到远方。

我心情不错，但还是气喘吁吁，20分钟之前询问到山顶的距离，杨大哥说差不多有1千米多，再次询问，还有1千米多，看来杨大哥怕我这个山外人惧怕山路的崎岖与艰险，也玩起心理战了。

当我们来到半山腰，阳光下的群山隐现于云雾之中，用一句"风景如画"已经形容不了这里的胜景，用"人间仙境"更为贴切。眼前的瑶人大尖山，据说是江城最高的山峰，海拔2 075米，极目远眺，大有一览众山小之感。

我们坐在小山坡上稍事休整，杨大哥也从石头缝儿中摸出一个矿泉水瓶做成的简易水烟袋，抽上一口过过烟瘾。杨大哥说，这山上充满了奇异的现象，前面有几块大石头，上面的洞里有一汪水。神奇的是，不论春夏秋冬，时刻都有一股清水，从来没干涸过，这水到底是从哪里来的，谁也不知道。小时候在山上放羊，口渴了就折来一节中空的植物茎，趴在洞里喝水解渴。待我好奇地到这几块大石头跟前察看，果然，洞中确实积满了清水，这可是上天赐予的神水呀，关键的时候能救牧羊人的命。所以，我们一定要爱护大自然，保护大自然，大自然才能给人类留下这珍贵的奇迹。

嘉禾 心路

JIAHE

　　就在我们慨叹大自然神奇的时候，杨大哥提醒大家注意安全，从这个山口进去之后，前面就是原始森林了，野生古茶树就隐蔽在那一片原始森林之中。

　　在原始森林的进山口，一棵巨大的古树被人为拦腰砍断，我以为在云南大山里到处都是这种参天大树，倒下一棵也许没有关系，但仔细询问后才知道，原来在这棵古树上寄生着一种人们认为有点儿价值的植物——石斛，为了自身利益要采到那点儿石斛，居然砍倒了这棵千年古树，真是可惜、可气、可恨！见利忘义的人们啊，你们有什么权利把这棵千年古树拦腰砍断？大自然不可能再倒转千年去生长这棵树。

　　再次呼吁山里山外的人们，只有大家真正地爱护大自然，大自然才能给予回报，要善待大自然，善待这里的一草一木，未来我们的子孙才有好风景可看，才能给他们留下一些宝贵的自然资源。

　　走进原始森林之前，远看还是阳光灿烂，可当你走进原始森林后没有多远，又是雾气弥漫，朦朦胧胧了。向导杨大哥在前面用柴刀开路，我们则跌跌撞撞地跟进。坡很陡，脚下杂树丛生，藤萝缠绕，沿途到处都是几人合抱粗的各种叫不出名称的参天大树；恐龙时代就已经存在的桫椤树随处可见，它们非常高大。这里又是一个野生古茶树与桫椤树共生的环境，曲水大尖山、瑶人大尖山，江城名

叫大尖山的两个地点都有野生古茶树。

　　走在前面的杨大哥说，这里有一棵野生古茶树，不知道啥时候倒下了，去年来时还好好地长在这儿呢。细细查看，原来它被山坡上方的另外一棵枯树倒下时砸到了，才使这棵千年古茶树轰然倒下，永远停留在这里，回归大地的怀抱。

　　从顺山倒下的树干上看，这是一棵合抱粗的野生古茶树，少说也有二三十米高，看着真的痛心啊，同时，也不免为今天还能不能看到野生古茶树而担忧。

雅贤楼茶文化

　　杨大哥在前面继续奋力开路，经过一段非常陡的坡路，终于来到了一棵合抱粗的野生古茶树下。如果不是杨大哥指认，你无论如何也不会发现这是一棵野生古茶树。杨大哥说，他小时候在山上放羊时，发现这棵树开花结果，就爬到树上摘下了一些芽叶，回家给老人看过，确认是野生古茶树。从那以后，他经常来这里爬到二十几米高的古茶树上摘一些茶芽，做些野茶自己吃，茶味很浓，很霸气。

　　这棵野生古茶树与以往我在任何地方看到的都不一样，生长得非常高大，需仰视才见上面的树冠，足有二三十米高。一棵野生古茶树，在与大自然抗争的生长过程中，必须努力地向上生长，才能与周围其他植物同时吸收到阳光，使生命得以延续。因此，原始森林中的野生古茶树，一般树干都不是特别粗，但生长得特别高，说明这棵野生古茶树在这片原始森林中少说也是历经上千年的风雨才能长成目前这种状态。

那么，在这棵古茶树之前，之前的之前呢？

江城的山水，能够滋养大自然赋予我们的灵物，才能使千千万万的家庭享受到茶给人类带来的芬芳。我们在喝茶、品茶、用茶的过程中，一定要感恩大自然给予人类的物种，感谢大山里的人们，是他们一代一代历经数千年的辛勤培育，才把这种野生古茶树驯化成适合我们人类今天能喝的茶。

据杨大哥讲，在此向坡下走不远，还有几棵野生古茶树。可是坡太陡，实在下不去了。

眼前的这棵野生古茶树生长的角度倾斜角度很大，也许在未来的某一天，在外力的作用下，这棵野生古茶树也会倒下，我真诚祷告，希望这棵野生古茶树能够长久地矗立在这里，让后来者还能看到她的美妙身影。

嘉禾 心路

随行人员都觉得，此行虽然辛苦，能看到野生古茶树也很幸运。可以断言，仅在江城，可能99%以上的人都没来过这里，而我作为一个北方的爱茶人，一个忠实的茶文化传播者，今天能有幸来到嘉禾乡瑶人大尖山原始森林中的野生古茶树下，感受大自然带给我们的神奇，实乃三生有幸也！我要把在江城大山里考察的真实情况介绍给天下茶人，让天下爱茶人了解到，江城嘉禾瑶人大尖山，这里有野生古茶树，我在这里找到了江城有茶的根。

恰在此时，妻子从遥远的东北长春打来电话，询问我考察及身体情况，我向妻报了平安，并向她报出了此时所在的位置。

海拔1 854米，北纬22°43′43.5″，东经101°56′18.8″，当时温度：21.7℃，相对湿度72%。距地面10厘米测量古茶树胸径156厘米。

经过近4个小时的艰难跋涉，我们终于返回到出发地点。此时，我身虽累，但一直处于激动的情绪之中。在这里，我所看到的一切，都足以说明江城有茶，亘古有之。

嘉禾 心路

JIAHE

心中敬仰开山人

从嘉禾瑶人大尖山下来，我的体力已经严重透支，精神上早已过了寻找野生古树茶时的那股兴奋劲儿，心发慌，腿发抖。

回头看看已经走过的寻茶之路，真不敢相信那么陡的山路是怎么走过来的，还是那句老话，世上无难事，只要肯登攀。

在今天看来，我们能走一趟这条羊肠小道，去深山寻找野生古茶树，好像是在完成什么壮举。可是你想过没有，当初发现并修筑这条小路的人又是多么的伟大！

据杨大哥介绍说，修这条小路的张大爷是位70多岁的哈尼族老人，一辈子就生活在这个寨子里，从小就放羊，那时候进山没有路，牧羊人都是沿着山梁把羊赶过山去放牧，每天都得翻山越岭非常辛苦。要是有一条小路能够绕过山去，再有人进山放羊时就不用那么辛苦了，这是张大爷打小就有的一个梦想。

十几年前，年近六旬的张大爷独自一人扛着锄头、镐头上山了，在山里转了几十年，沿着哪条山梁修路，他老人家早已成竹在胸。但这里的山都很陡，多数坡度都超过六七十度，六旬老人独自在山上挖了两年多，终于修通了这条羊肠小道，才使后来者能够沿着这条小道走进深山，牧羊种茶，采桑养蚕。

雅贤楼 茶文化

嘉禾

　　这位可敬的老人真是堪比愚公啊，这种无私奉献的精神赢得了人们的尊重。记得上山时，向导杨大哥曾带领我们特意岔上一条小路，去查看一个羊圈，还有在山里看到的另一群黑山羊也都是张大爷家的。村里无论是谁，到山里都会不自主地去照看一下，这已经是村民上山时必须做的一项工作，早已成为一条不成文的约定，没谁要求，大家都是发自内心愿意去做的事情，这种尊重不是能用金钱来衡量的。

　　虽然连续在深山之中考察，身体已疲惫不堪，我还是怀着崇敬的心情，决定前去拜访这位可敬的老人家。

　　张大爷家的院子就坐落在公路边的寨子里，院子不大，也不是很整洁。黄土坯墙有的地方已经脱落，显得斑斑驳驳，黑灰色的小青瓦为老人遮着风挡着雨，几只大公鸡蹲在篱笆墙下晒太阳，院子里的竹帘上晒着老人从山里采回的茶叶，一切都显得那么朴素、平常。住在这个破房子里的老人能一个人上山劈石开路，令我更加心生敬意。

　　但非常不巧的是，屋子里没人，问邻居得知，老人是虔诚的基督教徒，今天去做礼拜了。

　　没能见到这位可敬的开山老人，虽有遗憾，但我心存感动，感动老人开山修路且无怨无悔的精神。暗下决心，如有可能，再次南下江城时，一定来嘉禾拜访老人，对老人家表达我最由衷的敬意。

雅贤楼茶文化

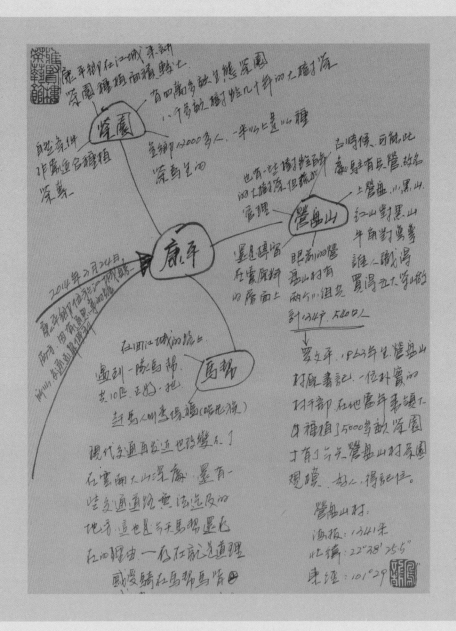

康平
康平
KANGPING
乐作

康平 乐作

KANGPING

乐作

康平首访营盘山

山民梦里闻茶香

平生体验赶马帮

云南的大山，

春吃百花，夏吃百叶，

秋吃百果，冬吃百根。

大山中的茶园，

茶在家门口，家在茶树中。

山外面的人用价格来衡量一捧茶的品质，

这儿的人用劳作保存一叶芽的醇香。

茶农们不大懂得生意，因此也并不纠结于茶市的风雨，

他们确定的是用劳作获得和乐的生活，茶对他们而言是共生的伙伴。

马帮生涯，外人看来侠骨柔肠，

在这里与农耕一样是生计的选择，

如果说古道是化石级的历史遗迹，

沿袭至今的马帮则是自然留转的文明见证。

乐作，是茶农与马帮生活的姿态，身处山外——艳羡，心在山间——尊享。

康平乡 —— 海拔973米，北纬22°36′08.6″，东经101°27′21.3″，
—— 当时温度：30.9℃，相对湿度87%；
营盘山村 —— 海拔1 341米，北纬22°38′25.5″，东经101°29′58.6″，
—— 当时温度：25.4℃，相对湿度59%；
营盘山古茶园 —— 海拔1 349米，北纬22°38′27.5″，东经101°29′58.2″，
—— 当时温度：25.6℃，相对湿度57%。

康平首访营盘山

2014 / 03 / 24　　　　阴

　　2014年3月24日，阴。上午早早从县城向西出发，沿着214省道向康平乡前进。

康平 乐作

康平乡地处江城与普洱之间，就在这条省道经过的地方，路况相对而言还是不错的。我们在几十千米的山路上行驶了一个多小时，来到了康平乡营盘山村。

这是一个宁静的小山村，平时很少有外人来访。村民们此时已经下地干活儿了，寨子中除了少数的老人在家中歇息外，已经很少能看到行人的影子。

据介绍，江城共有24个少数民族，仅营盘山村一、二小组就有哈尼族、彝族、瑶族、傣族、傈僳族、拉祜族、汉族等8个民族兄弟杂居在这里。所以，这里也是少数民族居住地，但由于民族众多，民居的建筑风格不像整董镇傣族建筑风格那样特点鲜明。这里多数是土坯砌墙，上盖灰瓦，邻里之间屋脊相连，院院相通，没有院墙相隔，更无芥蒂之心。依山而建的民居在苍翠的群山衬托下更显得质朴而庄重。

前来迎接我的是原营盘山村书记，1963年出生的彝族兄弟罗文平。老罗是位很朴实的农村干部，听说他在任的那几年为村里办了不少事情。为了鼓励农民种茶，甚至用自己的工资买来茶苗，才使营盘山村仅一、二小组就拥有3 000多亩生态茶园。

老罗说，营盘山这个寨子差不多有一二百年的历史了，当初这里可能曾经建立过军营才叫营盘山的。

以前，这个寨子是以种植农作物为主。一到农闲就没活儿干，村里茶叶种植面积也不是很大，农民兄弟种植茶叶经验又不足，村干部就挨家动员。村上还买来茶苗，无偿提供给茶农，村干部也带头种茶，寨子里大面积种茶则是在2000年前后。现在好了，家家都有茶园，一年到头儿都忙不过来。平均每户茶叶收入差不多14 000～15 000元左右。农民的收入明显提高，生活也富裕了。农民嘛，也没更高的要求，安居乐业足矣。

雅贤楼

茶文化

165

　　我们在院子里聊天的时候，老罗跟我说，在几千米以外的山里，七八年前曾经种了300多亩大树茶。我当时就感觉到怪怪的，七八年前种植的茶树怎么成了大树茶？细问才弄明白，原来，这里把大树茶的概念搞混淆了。他们以为，把茶苗种在大树下，长出来的茶就叫大树茶了。当我告诉他们，我们现在所说的大树茶，是指树龄达到几十年以上，最好是野放型的茶树上采下来的云南大叶种茶青，才叫大树茶。这与把茶苗种在大树下然后长出来的茶是两个概念。听了我的说明，老罗才如梦方醒，原来如此！

　　在营盘山村周围山上树龄六七十年甚至上百年的大茶树也不少。但这里所产的茶多数用来制作绿茶，也有少量红茶。由于这里加工的普洱茶还没有形成品牌，茶农们也不知道怎么卖，所以只能加工成绿茶、红茶。绿茶、红茶虽然利润不高，但是，来钱比较快，也好卖。想想看，村民也倒是从实际出发。

　　听村民说屋后就有老茶树，我决定前去查看。

　　我们绕过泥坯老屋，在一片芭蕉林地看到一些大茶树，感觉上有六七十年的样子，从树的状态上看，还是很健康的。说明这里在几十上百年之前，已经

康平 乐作

有人在种植茶叶了。听山民们讲，当地的大山里还有很多没被发现的大茶树。所以，我们希望当地政府要重视起来，希望当地的山民也要行动起来，一旦在山里发现了大茶树，一定要保护好，我们不能让时光倒退几十上百年再去种这些大茶树。按照当下古树茶、大树茶、小树茶的定义，营盘山村的大树茶资源已经很不错了。这样的茶树资源才是真正的大茶树，从这样的树上采摘的茶青才算是大树茶。

听寨子里一位六十多岁的孙明福老人讲，生产队的时候砍了很多大茶树，当时也没人认识到这些大茶树是不是还有用，砍树种地当柴烧是再正常不过的事。他小的时候，寨子周边的山上稀稀落落的到处都是大茶树。就在他家园子里，也有一棵比碗口还粗的大茶树，但他父亲觉得大茶树遮园子就砍掉了，后来树根发出来的芽又长成比碗口都粗的树干了，现在每年都能采些茶自己喝。

康平 乐作

KANGPING

　　近年来，很多人都在到处寻找古树茶，因其资源的稀缺，加上人为的追捧，所以价格自然水涨船高。当然了，古树茶之所以珍贵，是因为时光已经流逝，岁月的风霜使云南古树茶置根大山深处，使古树茶内涵丰富，这是大树茶和小树茶都无法比拟的。但毕竟古树资源有限，不能让所有人都能品尝到纯料古树茶，所以，这些大树茶也就显得弥足珍贵了。如果时间允许，我们还希望到康平乡的大山里转一转，看一下能不能找到一些符合我们要求的古树茶。

　　我们在考察的过程中也发现，有一些大茶树缺乏管理，对夹叶很多，说明这里的大茶树生长乏力，肥料供应不上。在老百姓的印象中，好像不打农药不施肥的茶就是有机绿色的。不打农药是对的，但可以适当地施一些农家肥也是必须的，但不能施化肥，化肥会板结土地。人类不能一味地向大自然索取，不能总想让茶树长出更多肥壮的芽却不施肥，这与让人使劲儿干活又少给吃饭是一个道理。植物也是生命，你得适当地施肥供应营养，芽才发得壮。尤其我考察的这片大树茶园，由于周边高大的树木较少，所以落叶变成林下腐殖土就不多，肥料便会不足，所以适当地施一些农家肥是很必要的。

山民梦里闻茶香

当你行走在云南普洱市的大山之中，在很多很多地方，都分不清哪里是家园，哪里又是茶园。在这里茶园即是家园，家园也是茶园。

我们真的羡慕生活在云南普洱市大山里的子民们。这里不但有清新无比的空气，漫山的青翠孕育出的滋养山民的万物，这里还是春吃百花，夏吃百叶，秋吃百果，冬吃百根的神奇世界，这里是连睡觉都能闻到茶香的地方。

在这里，茶农的住房就依山建在茶园里，房前屋后都是成片的茶园，茶农就

康平 乐作

是这样近距离地与茶为伴。清晨，上山莳弄茶园，或管理或采摘；日暮，伴着夕阳的余晖，背回一天的收获。

我们还能在茶园中看到无数只散养的鸡，这是立体生态养殖的一种行之有效的方法。茶农们把鸡雏放养在茶园之中，让鸡在茶园中慢慢长大，然后鸡可以在茶园里吃草籽、捉虫子。由于鸡的高度也差不多与虫卵在树干上的高度相近，虫卵便被鸡当成了美食，同时，鸡粪又回归了茶园，成为茶树最好的肥料。

云南地处低纬度高海拔高温的环境之中，在还没有电冰箱可以冷冻食物的年代，养的猪被杀后，由于没有更好的储存方法，聪明的云南少数民族人民就发明了腊肉以便长时间存放。为了随时随地能吃到新鲜的肉类，勤劳的云南人民就更多地养鸡，鸡是活动着的肉，蛋是营养的来源。难怪，我在云南大山里采访的期间，无论到什么地方都能吃到新鲜的土鸡，今天让我在这里找到了答案。

考察中我们可以看到，在茶园的作业面上，不时能看到有小昆虫。如果这里的茶园喷洒了过量的农药的话，就不会有这些小昆虫的存在了。当然了，台地茶园是众多茶树在同一空间共生，难免会有病虫害的产生，如何防治便是可以研究的课题。比如说，在茶园中间种各种高大的树木以保持生态平稳，还有的茶农在茶园中大量养殖鸡，也是很不错的立体养殖方法的尝试。

茶农就是这样近距离地与茶共生共息！

康平 乐作

KANGPING

平生体验赶马帮

提起云南的普洱茶，人们自然而然地会想到当年那些历经千难万险在云南十万大山中穿行的马帮。正是这些不畏艰险在险象环生的群山之中求生存的马帮兄弟，用双脚探索出了通达缅甸、泰国的茶马南道，通达西藏、印度的茶马西道以及直达北京的茶马北道。

说起马帮和茶马古道，首先要讲讲茶马互市。

所谓的茶马互市，实际上是商品经济发展的结果，是人们对于异地商品互通有无的要求的体现。

在中国历史上，北方边患往往大于南方。在那个冷兵器时代，骑兵是决定一个国家军队战斗力的主要因素。此时，一旦在北方出现一个或几个强劲的与中央政府对抗的边疆政权，那么西域波斯等地的良种马将因之受阻而到不了中原。中央王朝的军队就会因为缺少良种马而战斗力下降。汉代张骞历经千辛万苦凿通西域丝绸之路，其中的一个原因就是要寻找西域良马。

古代除了西域产良马外，西南的雪域高原也产良种马，同时青藏高原上的藏族同胞也离不开云南和内地的茶叶，这又是为什么呢？

对于这个问题，明代万历年间的王庭相在《严茶议》里有过科学的论述："茶之为物，西戎吐蕃古今仰给之。以其腥肉之物，非茶不消；青稞之热，非茶不解，故不能不赖于此。"也就是说，西藏属高寒气候，人们为保暖，就以糌粑、奶类、酥油和牛羊肉等这些高热量、高脂肪的食品为主食。但西藏地区又不产蔬菜，这些高能高脂的食品在体内过于燥热不易分解，而茶却刚好能分解过剩的脂肪并且防止燥热。所以西藏人民离不开茶，而茶恰恰是西南特别是云南的大宗农作物，因此具有互补性的茶马贸易就产生了。这就是历史上的茶马互市。

事实上，茶马互市在唐代就开始了。清光绪年间编的《普洱府志·食货志》就有这样的记载："普洱古属银生府，则西蕃之用普茶，已自唐时。"

宋朝时，北方的西夏、辽国等切断了唐朝遗留下来的唐朝和波斯之间进行茶叶丝绸及良马等交易的唐波古道。川藏和滇藏古道就因之成了茶马交易的主干线。在宋代，无论是官方还是民间，茶马互市都比较活跃。当时，有数不清的汉藏等各族各地的商队和马帮穿梭于茶马古道之间。

明朝时，茶马互市就更加繁荣。但在明代，官方垄断了茶马交易，并对茶马走私者处以重罪。然而，这也使茶马走私者不得不在官道之外另辟蹊径。久而久之，这些蹊径越来越多，也越来越大，逐渐发展成纵横交错的茶马古道。

到了清代，随着大规模的茶马互市的发展，茶马古道也逐渐定型。在茶马互市的全盛时期，往返于滇藏的马帮，其骡马竟至万头之多。到了现当代，随着川

藏和滇藏公路的开通，茶马古道才逐渐地沉寂下来了。

近年来，茶马古道为人们所熟知，得益于旅游业的发展，更得益于逐渐被人认可和肯定的普洱茶。但茶马古道绝不是坦途大道，而是隐藏在逶迤回环的崇山峻岭中的艰险小径。从现在思茅地区遗留下来的被人称之为"茶鸟道"茶塘驿道，就可知其行路之难了。

事实上，茶马古道是由于西南边疆地区的茶马互市而形成的，是以马帮为主要交通工具的一种民间国际商贸通道，它是中国西南地区民族经济文化交流的主要代表。

知道了马帮和茶马古道来龙去脉的人们，对当年的马帮以及茶马古道自然就会产生无限的向往。可惜的是，由于现代交通的发展，当年传说中的那些茶马古道的遗迹，早已隐没于群山之中，越来越难以寻觅了。

康平 乐作

可能是我对茶的一片真诚感动上苍，2014年3月24日下午4点左右，我在康平乡的考察结束，返回江城县城的路上，意外地遇到一队马帮。

马帮，由马锅头带队，一般还要下设几个把头，一个把头管理10匹骡马（也有说5匹），有几个马把头就决定了这队马帮规模的大小。

今天我们碰到的这个马帮是标准的一把，共10匹骡马，在一个人带领下沿着公路一侧缓缓前行。赶马人双腿搭在一侧，侧坐在头马的背上悠闲地嗑着瓜籽，驮队骡马在柏油马路上踏出很有节奏的嗒、嗒、嗒的蹄声，使人感觉到那么亲切。虽然不是行走在崇山峻岭之中的古道之上，但是，能在这里碰到这么大的驮队，只能说是幸运。

这是个绝好与现代马帮接触的机会，万不可与之失之交臂。

司机把车开到驮队前面，摄影、摄像看到马帮也都来了精神，跳下汽车拉开架式按动快门。

我来到赶马人跟前与其攀谈，得知此人叫李保福，哈尼族人。看到有摄影、摄像跑前跑后跟拍，李保福明显感觉有些不自在，稍抖丝缰，在头马的带领下，马队便顺从地从公路右侧走到左侧。当时，我还觉得有些遗憾，因为在公路左侧有条便道，我以为这队马要离开公路下便道了，于是做好了要走下便道跟踪一段路的心理准备。没想到，马队没下便道，而是在左侧逆行向江城方向前进。

原来，赶马人李保福看到又是采访又是拍照，有些不适应，心里发毛才把驮队赶到了公路左侧。我说这样走太危险了，他说对面来汽车看到他的驮队就躲开了。我告诉他，这样走是违反交通规则的，出了问题一切责任都得由他来负。听了我的话，这位哈尼族兄弟李保福还是乖乖地把驮队赶回到公路的右侧，继续向江城进发。

康平 乐作

与其攀谈的过程中得知，这位哈尼族兄弟今年32岁，他是3天前从家里出来送了一批货，一路上就是这10个老伙计陪伴着，也没人说个话。他说，在大山深处，还有一些地方没法通车，交通非常不方便，那里的货物还是靠马帮这种最原始的方式才能运送出来。他吃这碗饭已经五六年了，经常走的路线是从西双版纳到红河州，把普洱茶等货物运送出来，现在是回程空驮，所以才显得稍微轻松一些，重载时人是不能骑牲口的。

征得哈尼族兄弟李保福的同意，我很吃力地爬到马背上，体会一下骑在驮队马背上，当一回马锅头的感受。

当你真正骑在马背上，并不是想象的那么舒服，不像赶马人骑在马背上看上去那么悠闲。也许我不是马背上的民族，所以要逐渐地适应骑在马背上的感觉。

当年在云南大山深处，就是这些马帮穿行于十万大山之间。当然了，他们行走的是充满无限艰难险阻的古道，而不是行走在今天这样平坦的柏油马路上。

骑在马背之上，我无限感慨。在现代文明如此发达的今天，还有马帮这种古老的运输方式出现，一定有其存在的理由。通过这一队马帮，你仿佛能捕捉到当年马帮的身影，感受到那来自远古的文明，那回荡在山间的串串马铃声。

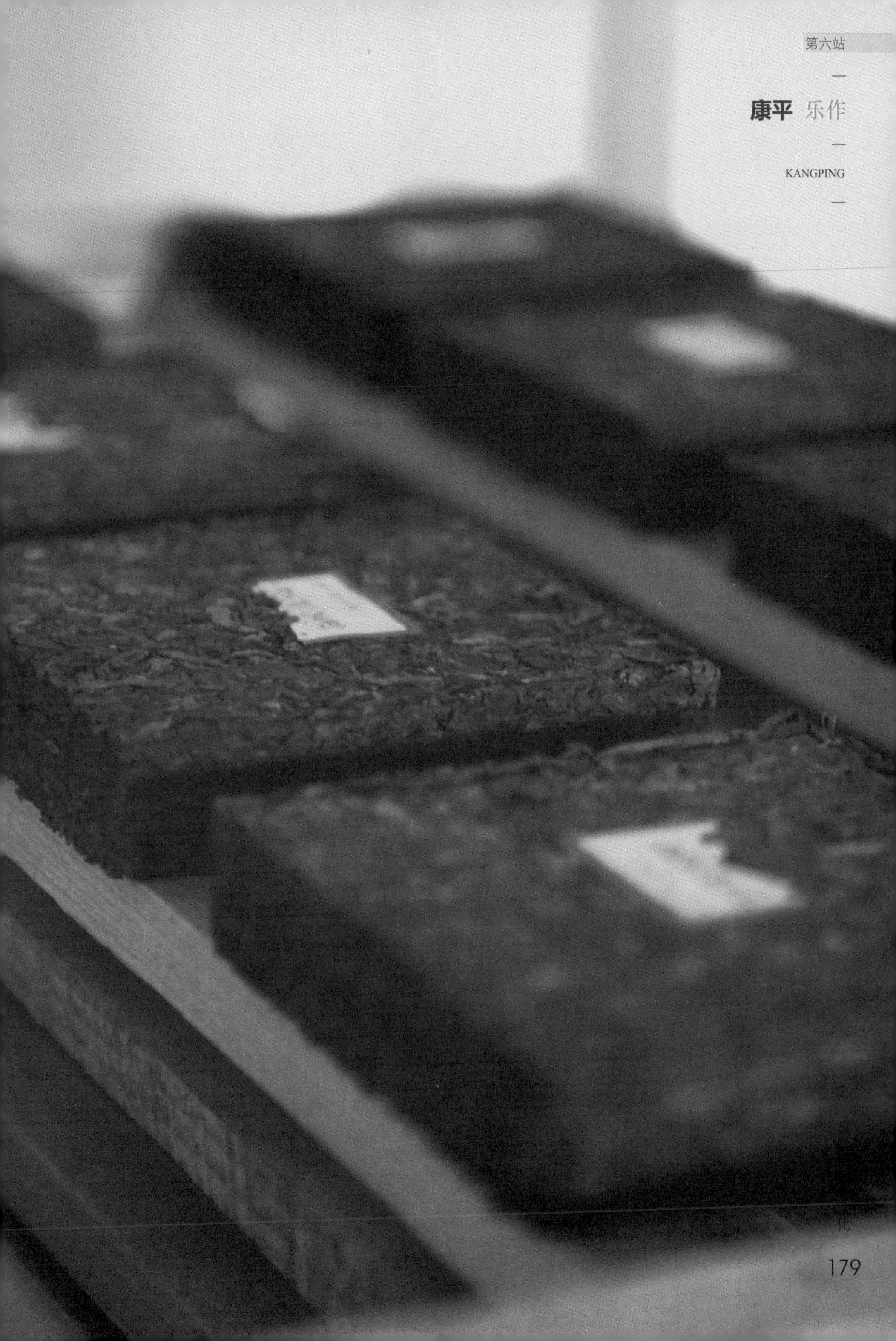

第六站

康平 乐作

KANGPING

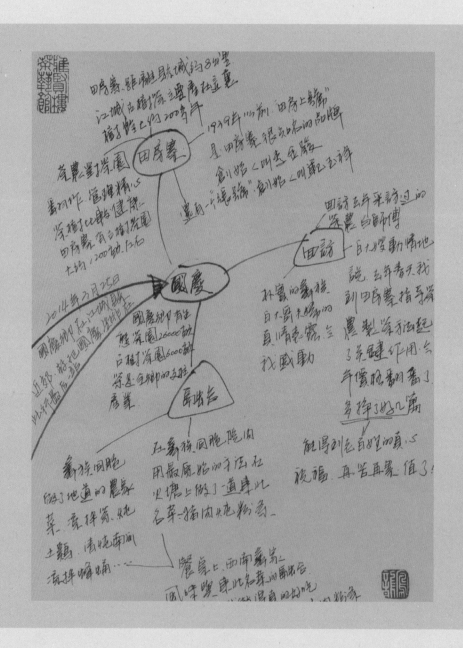

第七站

国庆
GOUQING

国庆

重逢

国庆 重逢

GUOQING

重逢

重访田房古茶园
再访茶农白师傅
彝族小院话团圆

重逢，总比初识更令人感动，没有过"重逢"的旧相识，绝算不得老朋友。

重逢田房寨，是我与古茶园的不见不散，

每一款珍贵的古茶普洱，都得益于辛勤的茶农们与深山长年为伴。

是他们的视茶如命，才有我们品得一壶纯正，这是缘分，更是我们的福分。

再访白师傅，是我予他们言出必行的承诺，两面之缘已成挚友。他们以茶为生，

我则以茶文化传播为己任。同为茶人，技艺的切磋，是对于茶品的分寸把握。

茶，就是这样神奇，让来自四面八方不同文化背景下的人们拥有同一份执著，

这是热爱的力量，预示着"重逢"的必然。

江城，

一方隐匿于深山的古茶乐土，原始自然的真性情世代留存。这里，茶与人善待彼

此，真与善水乳交融。

今天，即便你生活在澜沧江两岸，也需要下一番苦功夫才喝得到一口纯正的古

茶，何况身处远方的我们？

重逢，值得欢聚，更值得期许！

雅贤楼茶文化

国庆乡 — 海拔1 112米，北纬22°38′15.1″，东经101°52′07.2″，
　　　　当时温度：25.6℃，相对湿度70%；
老富寨 — 海拔1 126米，北纬22°36′43.9″，东经101°53′28.3″，
　　　　当时温度：33.3℃，相对湿度87%；
田房寨 — 海拔1 126米，北纬22°36′41.5″，东经101°53′32.7″，
　　　　当时温度：29.5℃，相对湿度54%；
江城田房寨古茶园 — 海拔1 126米，北纬22°36′43.9″，东经101°53′28.3″，
　　　　当时温度：33.3℃，相对湿度87%。

重访田房古茶园

2014 / 03 / 25

天微阴

雅贤楼茶文化

国庆 重逢

　　2014年3月25日上午9点许，我们来到江城县国庆乡，这里距离县城只有8千米左右，所以，我们把这里安排在此行江城茶乡考察的最后一站。

　　我对于国庆乡并不陌生，为《第三只眼睛看普洱》采风时就来过江城的田房寨。在国庆乡政府院内，县里乡里的领导早已等候多时。多数人我也不熟悉，只认出一位去年来采访时相识的副乡长蔡小英，很豪爽的彝族女干部。虽然并不熟悉，但这里的所有人都非常热情，完全没有陌生感，或许都是茶道中人的缘故吧。一位主管农业的副县长孙艺洪先生还能说出我在《第三只眼睛看普洱》中的句段，看来去年的那本书大家还真的感兴趣。

　　当地政府对我这次来江城采访给予相当的重视。采访之初，县里就想派个领导陪着，我怕给大家添麻烦，坚持只要求县茶办的同志做向导，今天是采访的最后一站了，县里特意派主管农业的副县长陪我一起上山考察。

　　从国庆乡政府出来，转过几道弯儿，绕过几道山梁，前往我还算熟悉的田房寨。途中，副县长把我领到一个叫老富寨的地方，参观了一个正在建设中的

四合院茶厂，主人叫蔡国才，六十多岁的彝族老兄。据介绍，这位彝族老兄做过农民，当过村支书，后来又到乡里工作，最后在县茶办退休。退休后在这儿办了个小茶厂，家里有80多亩60年代种植的茶园，近些年又自己种植了50多亩小树茶。

能到这儿参观，主要是这位老兄立志要恢复当年的江城普洱茶很有名的老号"田房上号"。据说，田房上号的创始人叫李金发，田房寨人，在1939年之前在这儿创号制茶，在普洱地区也是有一号的，厂址就在现在田房小学那个位置。第二天晚上，这位老兄还专程到我住的宾馆，手里夹着几张宣纸，想让我为他茶厂的大门题副对联。我不是书法家，唯恐侮了人家的门面，况且在宾馆里实在条件有限，但看到他一脸的真诚，也实在不好拒绝，提笔写了一副藏头联：

田房群山蕴香茗，上号千里传佳声。

我被这位彝族老兄的热诚所感动，写好写坏都代表我的心情吧。

从田房上号出来，我们考察了一片有机生态茶园。田房寨的生态茶园就隐现于群山之中高大的树木之下，虽不像有些地区那么集中成片，但有巍峨的群山围拱，有高大的古树遮荫，有肥沃的土地提供营养，使得这里的茶树生长得分外繁茂。

听随行的蔡小英乡长介绍，国庆乡拥有这样的茶园26 000多亩，其中古树茶园6 000多亩，田房寨这儿有古树茶园大约1 200多亩。全乡3 000多户人家基本上家家有茶园，茶是这里人民的命根子，也是这里的支柱产业。由于这里地理位置临近中老越三国交界之地，尤其三十几年前边境也不安定，这里的经济一直发展缓慢，恰恰是这些因素决定了这里的环境没被破坏，一切都是原始自然的状态。现在好了，边境相对安定，大量的好茶叶在这里生长。但由于缺少品牌，只处在卖毛茶的阶段。这里的古树茶虽然不像有的山头茶年代那么久远，只有200多年

的历史，但自然环境好，孕育出的茶叶色泽油绿，叶质厚实，内涵丰富，品质超群，再加上江城海拔只有1 000多米，在云南省属低海拔地区，所以这里的茶发芽早，也柔和，能被人很容易接受。

　　这都是江城人自己总结的优势，我们在实地考察中也发现，蔡小英乡长所言不谬。以我们眼前考察的这片茶园为例，这里的古茶树虽不那么粗壮高大，但也事出有因。当地茶农在很长时间的管理中并不科学，例如对古茶树多次矮化，这种矮化方式在古树茶的产区是一种很普遍的现象。云南大叶种茶树是有主干主根的，很容易长成大树，这样管理和采摘都不方便，况且发芽率也不高，于是茶农就对茶树矮化管理，这样不但减少采摘时的劳动强度，同时也提高了发芽率，产量增加了，收入就提高了。所以这里有很多古茶树都曾被多次矮化过，有些主干矮化后，次主干再矮化，于是就变成了我们今天所看到的模样。

　　田房寨古茶园虽然经过多次矮化，但由于这里土壤肥沃、环境优良，适合茶树生长，加上茶农精心的呵护，所以，这里的古茶树看上去都很健康。

　　现在，为了保持古茶树的原始形态，茶农也很少再对茶树进行矮化管理了。

雅贤楼 茶文化

有些次主干也都长成大树干了，并且，这里的坡陡难行，采茶得爬上爬下，甚至有些还得搭梯子才能采得到，像这样的古茶园，每亩地丰产年也就在10千克左右，真正好的古树茶资源有限，得之不易，这种稀缺资源在一定程度上讲是无价的，想得到一款真正的古树茶是要下一番苦功夫的。

站在田房寨古茶树上放眼望去，周边是成片的古茶树，茶芽发得肥壮显毫，持嫩性也好。2013年春天，我曾来到江城田房寨考察过这里的古茶园，当时就对这里的古茶树群落特别感兴趣。作为茶文化传播者，我要忠实地把这里古茶园的实际情况记录下来，向全国爱茶人介绍江城田房寨这里古茶树的真实情况。

想喝到一款真正的普洱茶，你就得走进大山深处，深入到茶农当中，体会到茶农的辛苦。一叶茶凝聚的不仅仅是土地、阳光、空气与水的精华，还有茶农们的汗水和心血，能喝到纯正的古树茶，那是一种福分。

雅贤楼**茶**文化

一

国庆 重逢

一

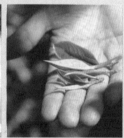

　　就在这片古茶园的边缘，我们碰到一位81岁的彝族老阿婆在采摘茶叶。这里的山水哺育了勤劳的人民，81岁的老阿婆还能下地采茶，说起话来还中气十足，很精神，很爽朗。老阿婆说，她家是后来搬到这座寨子的，大儿子原来在县检察院工作，都已经退休了。家里没啥负担，老阿婆从小没上过学，不认识字，也不会说个话，就会干活儿，在家闲不住，出来采采茶，就当锻炼身体了。

　　当时的气温很高，太阳也很辣很毒，81岁的老阿婆还在茶园里采茶叶，也许在我们喝的这口茶水中，就有老阿婆的采的茶，那可是浸透着老阿婆汗水的古树茶呀。在江城田房寨古茶园，用GPS定位仪测量结果：

　　海拔1 126米，北纬22°36′43.9″，东经101°53′28.3″，当时温度：33.3℃，相对湿度87%。

雅贤楼 茶文化

国庆 重逢

GUOQING

再访茶农白师傅

上午在古茶园考察时，我们在路边碰到了去年采访过的彝族茶农白师傅，夫妇二人刚从山上采茶归来，看到我再次来到田房寨异常兴奋，拉着我的手热情地邀我到他家做客。

午餐后，我决定回访一下这位彝族老兄白师傅。

去年我们第一次来江城田房寨那天，这里的村民对我们还不太了解，村里虽然通知了附近村寨的人，说徐老师和侯建荣先生要前来培训，但那天只来了20几位茶农。

在对村民们上午采摘回来的茶青进行筛选的过程中，发现茶农采摘的古树茶青存在很大问题，于是，我与侯建荣便带领村里的茶农，来到离村寨稍近一些的古茶园中，现场指导茶农如何科学采茶。只有科学采摘，才能既保护古茶树得以生生不息，又能采摘到合格的茶青，增产增收。

记得那天下午6点左右，我们开始准备炒茶。

这时，院子里已经站满了陆续从附近几个村寨赶过来的想学习炒茶技术的男男女女。从人们的表情上，你能读出一些人心中的疑惑，可能有些人会想，我们世世代代就这么做茶，难道你一个东北人会比我们做得还好？我们暗下决心，只能以事实说话。

首先，由寨子里大家认为炒茶技术一流的白师傅按照当地的传统方法炒制一锅，再由侯建荣按科学方法炒制一锅。

不怕不识货，就怕货比货，炒好的两锅茶分别摊晾在两个圆形竹筐之中，并排放在一起比较，结果立见分晓。

侯建荣又很耐心地从理论到实践，一步一步向茶农讲解种茶、采茶、炒茶的相关技术，赢得茶农们的阵阵掌声。侯建荣先生是授人以渔的，是教人方法的，这需要胸怀，他也是摸索了几十年，尽自己所学才总结出来的宝贵经验，却毫无保留地传授给这些本不相干的同行们。

国庆 重逢

GUOQING

这次再来田房寨，很想了解一下茶农的体会。

来到白师傅家，夫妇二人眉开眼笑，忙招呼大家落座。白大嫂一边沏着茶，一边用我听得不太懂的彝族普通话激动地说着什么。通过随行的副县长孙艺洪翻译，才弄明白，原来白大嫂说："徐老师，你说话算数，去年你说，按照你们的方法做茶价格会翻番，你走的第三天我们试着做了一些，价格真的就翻番了；你说会回来看我们，今年你真的来了，你这个人说话算数。"我笑着对白大嫂说："徐老师说下雨就下雨呢，咱啥时候说话不算数？"

白大哥真诚地笑着开口说，去年春天，我和侯建荣来田房寨指导起了关键作用，他们家今年的茶一直供不应求，价格也较去年翻了一番，以前，他们的茶从来没卖过这个价，品相从来没这么好过，今年，乡里让送茶样参加评选，他的茶样送过去就选上了，这在过去是不可想象的，他们没想过也不敢去参加评选，现在好了，对自己做的茶越来越有信心了。

白大哥说，去年你们刚来的时候，他心里还有点儿不服气，但一比较，便知道问题在哪儿了，是好的方法就得学习。今年，他严格按照我们教的方法管理、采摘、杀青、日晒，茶的质量已经大大提高了，价格也翻番了。他还说，去年春天我刚走不久，在吉林卫视上看到我在讲课，他喊来寨子里的人，告诉他们，这就是来他家教制茶的长春徐老师。

雅贤楼茶文化

国庆 重逢

GUOQING

白大嫂接过话茬说，去年你在台阶那儿说，你会迅速让多少万人知道江城有个田房寨，这里有好茶，还以为徐老师认识人多，到哪儿都跟他们说，现在才明白，原来你是写书还能在电视上讲课的人。附近村寨都知道我们家的茶做得好，所以，每天炒茶时都有其他寨子的人来学习，老白也耐心地跟乡亲们讲解，也有人请我们去别的寨子教他们炒茶。那天，你们教完我们就走了，也没有机会请你们吃顿饭。

我笑着说，其实啊，山还是那座山，树还是那些树，制茶的方法改变了，结果是大不一样的，得相信科学方法。所以，也不用请我们吃饭，今天看到你们的茶做得这么好，质量提高了，收入也翻番了，看到我们所做的一切能对当地茶农起点作用，我就心满意足了。

随后，我把去年出版发行的一部《第三只眼睛看普洱》送给白大哥做个纪念，并嘱咐他们，一定要踏踏实实做人，老老实实做茶，不要离谱地追求高价格，路才能走得长远。

离开白大哥家时，白大嫂还特意装了满满一兜儿他们昨天刚刚晒好的古树茶让我回家好好品尝品尝，还装了些她亲手制作的，平时也舍不得吃的特色腊肠，推辞不过，盛情难却，领情笑纳了。

　　我真的不能辜负白大哥大嫂的一番心意，他们真心送给给我的每一片茶叶，那可是凝聚着他们辛勤的汗水和真诚的心意呀！

　　坐在一旁的孙艺洪副县长也动情地说：徐老师，去年你来江城时我不知道，今天在这儿，我真正感受到了你们对当地茶农的奉献，这才是现身说法，我好感动，而且有种幸福感。

　　是啊，千言万语都显得苍白，能为老百姓做点儿好事，真的是很幸福！

国庆 重逢

彝族小院话团圆

今天是江城考察的最后一天，所有人的神经似乎都放松了。我完成了在江城茶事采访计划中的所有任务，终于可以长长地舒口气了。

在采访的最后几天，陪同我的几位小哥们就悄悄地准备着什么，我当时忙于采访，也没时间顾及太多。原来，几位彝族同胞在电视上看过东北的猪肉炖粉条儿这道关东名菜，私下里向我的摄影师打听，看能不能给做一道正宗的猪肉炖粉条儿。昨天晚上，司机小朱就试探地问我做这道菜都需要哪些食材及配料，笑着问我能不能给做一道猪肉炖粉条儿。虽然在家只是吃过这道菜，从没真正掌勺烹饪过，但咱不能扫了彝族兄弟的兴致，便慨然应允。

下午5点半，我结束了所有采访的任务，回到田房寨小组妇女组长白连芳家。这是一个普通的山里农家小院，从规整的二层小楼，整洁的陈设可以看出这家女主人善于持家的风格。我们来时，院门旁正在建设的一个小房子听说将来要做茶室，地上虽然堆着砂石灰瓦，但显得并不零乱。可以想象，当门口这座茶室建设

雅贤楼 茶文化

—
国庆 重逢
—
GUOQING
—

完成，这里又是田房寨的一道风景了。

女主人白连芳是彝族大哥白师傅家的亲戚，性格热情奔放透着干练，不愧是妇女小组长，指挥着几位女同胞在厨房内准备着丰盛的晚餐。

白连芳一边麻利地干活儿一边说，家里有十几亩老辈留下的古茶园，是家里的主要经济来源，种些稻谷主要是自家当口粮，还有一些三丫果也能有一笔收入。2004年，家里成立了一个茶业农民合作社，主要收购寨子里茶农做好的干毛茶，有易武、象明等地的茶商上门来收购。可以看出，小日子过得有滋有味儿。

说话间，随行的摄像师李知航已经在院里架起了木材，点燃了火塘。我也在厨房里紧张地准备着。当年，山东大部、河北一部分再加上内蒙北的少部分不安于现状的人们开始闯关东时，不可能把一道菜做得如何精细，而恰恰是关东人豪放的性格特征孕育了这道名菜——猪肉炖粉条儿。关东人的性格特征就是大碗喝酒，大块吃肉，所以猪的五花肉是这道菜最好的食材，把五花肉切成1.5厘米左右见方的肉块，配料也就是葱、姜、蒜、花椒、大料、桂皮，粉条儿最好是土豆宽粉。

  当我把这些食材准备好后，院里火塘上的火已经熊熊燃烧起来，发出噼啪的响声。这里的彝族家庭已经用上了液化气或者沼气，已经很少使用火塘做饭做菜了。所以，铲子把儿短比较烤手，只好用抹布包住翻炒的手。摄像师李知航早已准备好摄像机，从切割、备配料、焯肉、炸锅翻炒、加汤焖炖等一系列过程全程跟踪拍摄，生怕遗漏掉哪个细节。由于我没有在这种火源上做过菜的经验，火候掌握得不算太准确，还好，这道菜做得还算成功。

  在炖菜的过程中，我把在古茶树上摘来的老叶子，在火上烤焦发黄后，放在竹筒里煮竹筒香茶，把香糯米洗好注入山泉水烧竹筒饭，能够体会到一些远古山民的生活气息。

  这是一顿丰盛的晚餐，虽说不上是什么山珍海味，但也是绝不逊色的美味佳肴，桌上摆着云南传统腊肉、凉拌茶叶、折耳根、鲜竹笋、蜂蛹，清炖土鸡、野山药蛋、面瓜等等，还有那道关东名菜——猪肉炖粉条儿。

  主人搬出一坛陈年自酿苞谷老酒，美酒佳肴岂有不尽兴哉？

国庆 重逢

　　晚宴酒席间，热情好客的彝族兄弟轮流来敬酒，我由于身体原因不能饮酒，这些少数民族兄弟表现出少有的宽容。连平日里略显腼腆的孙艺洪副县长也酒酣尽兴，动情地向我献上心中最美的歌谣。

　　我虽不善饮酒，但真情所动，也倾诉心声。

　　江城这里产茶，历史悠久，通过我们在江城各乡镇考察情况看，这里的茶确实与众不同。在云南普洱地区，虽说山山出好茶，但山山茶不同，每座山所产之茶是不一样的。江城之茶特征明显是世人皆知的。当然了，我并不是来到哪里就说哪儿的茶好，只是通过我的文化传播，向世人介绍这里的茶，这里的人。这里也确实有很优秀的茶品，比如我们田房寨这里的古树群落，茶的品质并不逊色，这里虽然没有一些山头儿茶那样历史悠久，但200年的栽培史也孕育出了很健康的古茶树。

　　无论我来自大东北，还是你住在大西南，因为茶，我们结缘在这里；也因为茶，我们包容在一起，就像今天我们在后山上看到的一棵大树的根包裹住一棵古

茶树的根一样，大自然都能包容在一起，更何况是万物之灵的我们。所以说，我们是一家人，今天，你吃了我做的猪肉炖粉条儿，我也吃了你们民族风味的美酒佳肴，大家像一家人一样在一张桌子上共进晚餐，这就是一种包容，一种融合。

女主人白连芳端着酒杯，真诚地说："徐老师，真诚地感谢你，我代表广大茶农感谢你，因为你为我们写书，把我们田房寨的茶介绍给全国爱茶的人们，去年你没来之前，这里的茶从来没卖出过好价格，也登不上大雅之堂。自从你教导我们怎么种茶、制茶后，使田房寨的茶叶质量水平大大提高，也卖出了好价钱，都翻番了。所以，我代表全寨茶农再次感谢您，徐老师您辛苦了！"

其实大家都辛苦，我来这里考察不是要炒作这里的茶，只是想通过我的文化传播，把江城的茶如实地向天下茶友介绍，让他们知道江城这儿有好茶，让大家对江城茶感兴趣，关注多了，买江城茶的人也就多了，茶农的生活自然而然地就

国庆 重逢

好起来，我也就知足了。

　　随行的摄影师张熙也是性情中人，知道我不能饮酒，便表现出了关东汉子的豪爽劲儿，虽然喝得酩酊大醉，但醉得酣畅淋漓，没给咱东北人丢份儿。

　　坐在彝族小院，品着竹筒香茶，吃着竹筒糯米香饭，就着丰盛的山间美味，喝着陈年苞谷老酒，借着满天星辰，今夜无眠我已醉。醉的是心，醉的是情，醉的是山间的那捏香茶呀！

　　分别之际，田房寨的乡亲们前来送行，并真诚地说：徐老师，欢迎你每年都要来看看我们，田房寨就是你第二个家。

　　是啊，能得到茶农们的真心祝福，再苦再累，值了！

雅贤楼 茶文化

雅贤楼
YAXIANLOU

归零

雅贤楼普洱茶艺

茶艺演示：徐鹤薇

赏 具

展示泡茶用具，冲泡普洱茶宜选用古朴大方的茶具。

温 壶

"温壶"又称"温杯洁具"。即用开水浇淋茶具，一为清洁茶具，二为提高泡茶器皿的温度。

置 茶

茶叶投入紫砂壶中称"普洱入宫"。置茶量为6～8克为宜，亦可根据个人的口感而定。

雅贤楼 茶文化

润 茶

　　洗茶时，在沸水浸泡下，普洱茶慢慢地舒展。润茶之水宜尽早倒掉，以免浸泡太久而失香失味。

冲 泡

　　"冲泡"又称"行云流水"。冲泡时一般采用悬壶高冲的手法，将水缓缓地注入紫砂壶中，壶口会有一层白色泡沫出现，要用壶盖及时将其轻轻抹去。

出 汤

　　将泡好的茶汤以低斟手法倒入公道杯中，可避免茶汤香味过多地散失。

分 茶

　　"分茶"又称"普降甘露"，即将冲泡好的普洱茶汤依次均匀地斟入各品茗杯中。

敬奉香茗

　　"奉茶"又称"敬奉香茗"，是将冲泡好的普洱茶敬奉给尊贵的客人。

雅贤楼 茶文化

209

雅贤楼 归零

YAXIANLOU

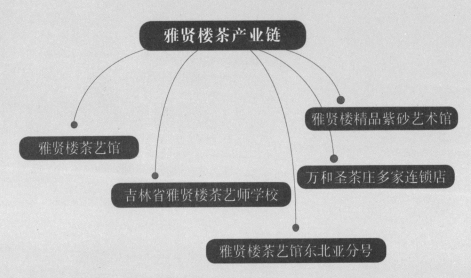

雅贤楼茶产业链

始建于1999年春天的雅贤楼茶艺馆，经过全体员工十几年的共同努力，目前已形成了完善的茶产业链。

我们在长春市文化、商业中心拥有一座雅贤楼茶艺馆：以此为基础，2003年成立了吉林省雅贤楼茶艺师学校；2006年，启用祖上百年老字号"万和圣"，成立万和圣茶庄并连建数家连锁店；2008年，成立了东北地区最具规模的雅贤楼精品紫砂艺术馆；2011年，成立了长春市最大规模的雅贤楼茶艺馆东北亚分号。

一

雅贤楼 *归零*

YAXIANLOU

一

一

雅贤楼茶艺馆总号

　　雅贤楼茶艺馆始建于公元1999年之春，乃吉林省最早创建的茶艺馆之一。三层建筑，营业面积600平方米，地处省会长春市文化、商业中心。东与南湖公园毗邻，西与东北师大附中接壤，前庭面临同志街，后院依傍自由大路，交通便利，四通八达，环境优雅，鸟语花香。装修风格以中国传统文化为底蕴，雕梁画栋，飞檐重叠，气势恢弘。一楼大厅清新自然，曲水流觞，石子小路，曲径通幽，茶诗、茶情、茶韵无处不在，好一派江南春意情调；楼上包房陈设清新、古朴典雅，风格温馨怀旧，细细品味，无不赏心悦目，更觉别有洞天，既有明清宫廷气派，又有江南园林风韵。隔窗远望，南湖美景尽收眼底，如荫的绿树，碧蓝的湖水，荡漾的小舟好不心旷神怡；确为东北地区少有的一家大茶楼。

雅贤楼

茶文化

　　雅贤楼的"雅",雅在其高贵的气派和浓浓的文化气息,文艺界和书画界的老前辈们常常在此谈古论今,挥毫泼墨,名家大作多有悬于雅贤楼之厅堂,使雅贤楼"翰墨"之气更浓,人文环境日趋"贤雅"。

　　雅贤楼茶艺馆正日趋成为长春市之城市名片,到吉林省视察旅游者,不到雅贤楼小坐乃一大憾事;雅贤楼茶艺师学校更是以传播传统文化为己任,广泛招收省内外茶文化爱好者参加培训学习,向社会输送大批茶艺人才,受到省及国家有关部门的高度赞誉。2004年5月15日下午,雅贤楼迎来了激动人心的时刻,中共中央总书记、中华人民共和国主席、中央军委主席胡锦涛及省市有关领导到雅贤楼茶艺教室视察,此实乃雅贤楼之大幸也;2007年2月4日晚,中共

雅贤楼 归零

YAXIANLOU

中央政治局常委、国务院总理温家宝观看了雅贤楼茶艺师学校茶艺表演，此雅贤楼又一大幸也。

雅贤楼精品紫砂艺术馆独树一帜，历尽艰辛寻找的古树茶更具特色。

雅贤楼茶艺馆现已成为长春市旅游的一大亮点，同时也成为多部电影、电视节目的录制场地，身临其境，似回到我们心目中追求的理想生活境界，是难得的休心养性之地、品茗交友之所。

这里是您心灵与自然相邀之地，是您的第三生活空间。

雅贤楼茶文化

雅贤楼茶艺馆东北亚分号

　　雅贤楼茶艺馆东北亚分号成立于2011年12月15日，营业面积1 250平方米，三层楼体亦画栋雕梁，延续雅贤楼一贯传统风格，朱栏曲槛丝竹萦绕，超然于凡尘之外，融合于世俗之间。三五良友聚雅贤集，鸿儒白丁往来无间，琴瑟相合俯仰天地，人生幸事快哉！

雅贤楼茶文化

雅贤楼 归零

雅贤楼志

"柴米油盐酱醋茶"俗人之谓也，"不可一日无此君"，雅士之趣也；茶之小用，可为饮，可为药，可为菜肴。人食五谷，难超凡俗。

茶之大用，不必为饮，不必为药，不必为肴。君品佳茗，日趋贤雅。

酒以火为精神，其烈也必伤身；茶以水为性情，其淡也实养心。水火之不容，此处可也，水亦能克火也。

其楼也，虽画栋雕梁，檐、高皆不过三。然则，东以南湖为薮；西以学府为邻；其前庭，街称同志；其后院，路曰自由。

既知之，则来之；既来之，则安之。

君之至也，得其所哉。

雅贤楼之命脉 在于好茶
雅贤楼之名望 在于艺精
雅贤楼之底蕴 在于文化
雅贤楼之发展 在于诚信

雅贤楼 茶文化

雅贤楼茶文化

雅贤楼经典茶联赏析

雅贤楼茶艺馆正门联

茶通金木水火土

情结东西南北中

　　"金""木""水""火""土"乃五行，五行乃宇宙，能与茫茫宇宙相"通"者，唯"茶"也；

　　"东""西""南""北""中"乃全方位，八方宾客相聚，集结"雅贤楼"，靠真"情"耳。

雅贤楼室内对联：雅士贤达弦歌翰墨，凤团龙饼玉盏清泉。

　　上联之"雅士贤达"表明来雅贤楼茶艺馆者多是雅贤之士，说明来茶馆者的身份及个人素质；"弦歌翰墨"突出的是茶馆内的气氛，乐曲是"弦乐"，"翰墨"是指茶馆内浓浓的文化气息，即翰墨书香。

　　下联之"凤团龙饼"乃古代皇帝专用贡茶，为一种很名贵的茶叶；"玉盏"指用美玉精雕细刻的茶杯；陆羽《茶经》曰："其水，用山水上，江水中，井水下。""清泉" 指泡茶之水为上上水亦即"山水"。这下联的意思即：用清清的山泉之水，用美玉雕刻的茶杯，泡皇帝专用的贡茶。美哉！

　　上联藏"雅""贤"二字，即店名"雅贤楼"也；
　　下联藏"凤""龙"二字，即楼主"徐凤龙"也。

雀舌旗枪皆淡雅　　　　　　旧雨新知无不贤

雅贤楼茶文化

217

吉林省茶文化研究会

　　雅贤楼是东北地区茶文化的代表，雅贤楼主徐凤龙先生更是一位致力于茶文化研究的工作者，近年来多次参加中国国际茶文化研讨会。

　　在雅贤楼主徐凤龙的倡导下，2009年8月，吉林省茶文化研究会正式成立，标志着吉林省茶文化研究领域有了正式的组织，上了一个新的台阶。

雅贤楼 **茶**文化

雅贤楼茶艺师学校

　　吉林省雅贤楼茶艺师学校，是吉林省人力资源和社会保障厅批准成立的我省第一所专业茶艺师学校，是吉林省人社厅职业技能鉴定中心唯一指定的茶艺师国家职业资格考核鉴定基地。

　　国家职业资格培训鉴定教材《茶艺师》由吉林省雅贤楼茶艺师学校校长徐凤龙主编。

　　其培训鉴定等级分为：初级茶艺师（国家职业资格五级）；中级茶艺师（国家职业资格四级）；高级茶艺师（国家职业资格三级）；茶艺技师（国家职业资格二级）；高级茶艺技师（国家职业资格一级）。经在雅贤楼茶艺师学

—

雅贤楼 归零

—

YAXIANLOU

—

校培训，完成各级别规定标准学时数，并考试合格者，取得由吉林省人社厅职业技能鉴定中心核发的全国通用的茶艺师国家职业资格证书。

弘扬中华民族传统文化，推广茶叶科学泡饮技艺，提高文化素养，增添生活情趣，促进家庭亲和，把茶艺普及到千家万户是我们的培训宗旨。

我们的培训内容严格按照《茶艺师国家职业资格标准》所规定的各级别课程进行授课。讲授方式全部采用标准化的电子教学方式，理论和实践有机结合。

雅贤楼茶艺师学校以弘扬传统文化为己任，愿与各位好茶之士共勉！

雅贤楼

茶文化

雅贤楼茶艺表演队

雅贤楼是长春茶文化的代表。雅贤楼的茶艺表演有别于传统茶艺表演，这里既有中国传统文化的缩影，又有关东文化之精髓。

雅贤楼茶艺馆的茶艺师，都是具有大学专科以上学历并取得国家职业资格证书的高素质人才，从而奠定了雅贤楼员工队伍建设的坚强基石。

经过多年的钻研实践，我们在中国传统茶文化的基础上创作出了具有雅贤楼特色的茶艺表演形式。通过精湛的茶艺表演，推广宣传茶文化知识，提高人们对茶的认识，为倡导"茶为国饮"做出了积极的贡献。

雅贤楼茶艺表演队多次应邀参加省内一些大型活动开幕式或庆典的演出，其规范而精湛的茶艺表演受到同行业及专家的好评。

雅贤楼茶文化

万和圣茶庄的由来

清同治年间，祖上闯关东来到东北这块黑土地上，为维持生计开了家小商铺名曰"万和圣"，经营着茶、米、布匹等与百姓生活相关的日用品。后来，随着闯关东者越来越多，需求日盛，祖上又接连开了多家万和圣分号。

那个时候，交通很不方便，伙计们赶着马车从现在的长春市到哈尔滨运送货物，数百千米之遥中间打站都是住在万和圣各分号，可见昔日万和圣之繁荣气象。此景直至上世纪三四十年代，因战乱各分号方逐次停业。

吾自幼听着祖父辈讲述祖上辉煌的故事，期望有朝一日重现并超越祖上之繁荣景象。故于公元1999年春创建雅贤楼茶艺馆，2003年成立吉林省雅贤楼茶艺师学校，2006年启用祖上老号"万和圣"并连建数家"万和圣茶庄"。如今，吾立志以茶以壶相伴，愿天下好茶者与之共勉！

一

雅贤楼 归零

YAXIANLOU

一

一

万和圣茶庄分号

　　雅贤楼茶艺馆所属的万和圣茶庄，经营数百种全国各地名优茶叶，其中以万和圣品牌茶系列产品和正宗云南普洱茶（澜沧古茶吉林省总代理商）为主要经营品种，是您自用或选送茶礼品的绝佳去处。

　　万和圣茶庄之店训：诚实守信，广仁厚德，信心创造，茶界典范。

　　万和圣茶庄之信念：家和万事兴，德必有邻居。

雅贤楼精品紫砂艺术馆

雅贤楼精品紫砂艺术馆，是东北地区最规范、最具规模的一座紫砂艺术馆。2008年3月22日，雅贤楼成功举办了首届（中国·吉林）当代紫砂名师名壶邀请展，被业界内人士认为是目前国内规模最大、档次最高、文化味道最浓厚的一场紫砂盛宴。

雅贤楼精品紫砂艺术馆自开馆以来，在东北地区乃至全国范围内产生了深远的影响。

徐凤龙先生编著的雅贤楼茶文化系列丛书之四《寻找紫砂之源》在全国新华书店的热销，使更多喜紫砂、爱紫砂、藏紫砂者知道了雅贤楼精品紫砂艺术馆，并以不同的形式及交通工具趋之前往，或欣赏或收藏。同时，艺术馆内精美绝伦的名家紫砂精品还深深地吸引着国际友人的目光。

雅贤楼是一个理想的精品紫砂展销平台，我们计划每年度举办一届名师名壶邀请展，让更多的宜兴紫砂名师来到东北这块黑土地一展英才，使东北地区更多的喜紫砂、爱紫砂、藏紫砂者切身感受到紫砂的魅力。

雅贤楼 *归零*

YAXIANLOU

首届（中国·吉林）当代紫砂名师名壶邀请展

　　首届（中国·吉林）当代紫砂名师名壶邀请展及雅贤楼精品紫砂艺术馆的建立，源于2007年9月，我应出版社之约到宜兴蜀山镇为写作《寻找紫砂之源》考察时，采访了多位著名紫砂名师，在与诸位紫砂名师的交往中，逐步了解到紫砂的历史、现状及未来的发展。

　　2007年10月22日，中国工艺美术大师顾绍培一行应邀来长春雅贤楼考察，策划了首届（中国·吉林）当代紫砂名师名壶邀请展。通过这次紫砂盛会，我们要把真正的紫砂文化引入东北这块沃土，雅贤楼也将作为宜兴紫砂名师名作在东北地区的一个展销平台，为各位爱紫砂、用紫砂、藏紫砂者提供真正的紫砂作品。

　　2008年3月22日，我们成功举办了首届（中国·吉林）当代紫砂名师名壶邀请展，并获得巨大成功，在大江南北产生极大的影响，值此邀请展取得成功之际，写上几句话，以飨各位紫砂同仁及爱好收藏者。

雅贤楼 茶文化

首届（中国·吉林）当代紫砂名师名壶邀请展，得到了吉林省委省政府的大力支持，并把此次活动提高到引入紫砂文化，促进南北交流的高度，以吉林省委宣传部副部长弓克为主任成立了大会组委会，建立秘书处，相继召开了多次会议商讨大会方案，使我们此次盛会得以顺利有序地进行。

雅贤楼在长春电视台《盛世宝典》常年开通紫砂收藏专栏节目，在东北地区宣传推广紫砂文化，向东北收藏家介绍紫砂名人，举荐紫砂新人，并广泛开展室内外宣传紫砂文化活动。

2008年3月18日，在中共吉林省委宣传部组织下召开全省各大新闻媒体记者见面会，通报首届（中国·吉林）当代紫砂名师名壶邀请展的具体情况，做到电视有影、电台有声、报刊有形象，在东北地区产生了轰动效应。

2008年3月22日上午9点33分，首届（中国·吉林）当代紫砂名师名壶邀请展在雅贤楼精品紫砂艺术馆隆重开幕。

雅贤楼 茶文化

—

雅贤楼 归零

—

YAXIANLOU

—

第二届（中国·吉林）当代紫砂名师名壶邀请展

雅贤楼成功举办首届（中国·吉林）当代紫砂名师名壶邀请展之后，曾向社会及宜兴紫砂名师承诺，争取每年举办一届类似规模的邀请展。

2009年夏天，我们对雅贤楼进行了维修，使雅贤楼焕然一新，目的就是要为第二届（中国·吉林）当代紫砂名师名壶邀请展做准备。

2009年12月6日，我来到宜兴丁山，见到了久违了的各位紫砂名师。并且拜会了宜兴市紫砂行业协会王俊华会长，商讨第二届（中国·吉林）当代紫砂名师名壶邀请展事宜，最后，经过严格的审核，选定了4位高级工艺美术师：华健、张正中（研究员级）、陆虹炜、吴曙峰；4位工艺美术师：吴奇敏、蒋艺华、诸葛逸仙、王辉共8位紫砂名师赴长春雅贤楼参加第二届（中国·吉林）当代紫砂名师名壶邀请展。

为了更好地在东北宣传各位紫砂名师，宜兴丁蜀电视台还特派两位摄影记者跟随我采访了参展的各位紫砂名师。

其实，早在我去宜兴之前，吉林电视台就已经开始制作第二届（中国·吉林）当代紫砂名师名壶邀请展的有关节目了。现在，有了宜兴电视台拍摄的这些基本素材，使我们下一步的宣传工作得以顺利有序地进行。

从制定邀请展的第一时间起，我们就从电视、报纸、电台宣传，到VI设计以及接待方案等方面全方位地工作着。经过近40天的努力，第二届（中国·吉林）当代紫砂名师名壶邀请展的前期准备工作基本就绪。

2010年1月22日9点33分，第二届（中国·吉林）当代紫砂名师名壶邀请展在吉林长春雅贤楼如期隆重开幕。

雅贤楼 归零

雅贤楼 归零

第三届（中国·吉林）当代紫砂名师名壶邀请展

2011年12月15日上午9点33分，第三届（中国·吉林）当代紫砂名师名壶邀请展在雅贤楼东北亚分号隆重开幕。

早在2008年，我们在举办首届（中国·吉林）当代紫砂名师名壶邀请展时，曾郑重向社会承诺，雅贤楼每间隔两年举办一届名师名壶邀请展；适逢雅贤楼东北亚分号开业之际，我们举办了第三届紫砂展。此次展览，我们邀请参展的紫砂名师有：研究员级高级工艺美术师范建军，高级工艺美术师鲍利安、陈洪平，工艺美术师李园林、方小龙、朱志芬，助理工艺美术师王凤盘、盛其根。

雅贤楼经过举办三届当代紫砂名师名壶邀请展，更加奠定了其在东北地区紫砂市场的中心地位，巩固了紫砂名师作品在东北地区的展销平台。

雅贤楼 归零

雅贤楼 归零

YAXIANLOU

首届（中国·东北）紫砂群英会

2009年1月1日上午9点33分，雅贤楼精品紫砂艺术馆与长春电视台《盛世宝典》栏目联合主办的首届（中国·东北）紫砂群英会正式拉开帷幕。

首届（中国·东北）紫砂群英会开幕之日，正值元旦，但来参观者近200人。雅贤楼展厅内人头攒动，盛况空前。一些文化界的精英也齐聚雅贤楼。这的确是一场真正的紫砂盛宴，一席文化大餐。

这次活动是雅贤楼继2008年3月22日成功举办首届（中国·吉林）当代紫砂名师名壶邀请展之后，又一次以紫砂文化为主题的大型文化交流活动。由于首届紫砂展在社会上引起了强烈反响，所以本次活动也备受关注。经过历时两个

月的准备，我们在数百件作品中筛选出几十件珍品紫砂，与当代数十位宜兴紫砂名师的数百件作品，一起展示给东北广大紫砂爱好者。

我们举办此次活动的目的就是要在雅贤楼建设一个紫砂收藏者之间交流、交易、交换的平台，大家把自己的藏品拿到雅贤楼这个平台展示一下，互相交流信息，学习经验，交流藏品，互通有无，使大家的藏品越来越丰富，越来越有品味，越来越有价值。

雅贤楼提供的这个平台，不但是为宜兴这些制壶名手设立的，而且也是我们东北地区这些藏友的一个展示平台。如果您的藏品有富余或有意与其他藏友交换，我们愿意为大家提供各种信息资源，使我们在交往的过程中，共同进步，共同提高，共同发展。我们一定要建设维护好这个平台，为紫砂收藏者及投资家们提供一个良好的展示交易空间，使更多的人加入到紫砂收藏的队伍之中。

雅贤楼 归零

YAXIANLOU

雅贤楼与澜沧古茶

说起雅贤楼与澜沧古茶，确实有一定的渊源。2007年我在编写《普洱溯源》时，得到过澜沧古茶有限公司杜春峄董事长的大力支持，我们一起上山下乡访茶农走村寨，考察万亩古茶园，取得了大量第一手资料，为我编写《普洱溯源》打下了坚实基础。缘于我们之间的相互信赖，雅贤楼成为澜沧古茶公司吉林省总代理商。

2010年3月，应澜沧古茶有限公司杜春峄董事长之邀，我们夫妇二人赴云南参加澜沧邦崴茶王节祭拜活动，感受很深，我们有感于澜沧的青山绿水，有感于澜沧质朴的民风，有感于上苍赋予澜沧人的茶，还有真正的茶人杜大姐。

这次云南之行，我们考察了邦崴、景迈、曼弄，其中印象最深的还是去邦崴祭拜茶王树的经历，令人终身难忘，有感而成一首小诗：

祭拜茶王树有感

庚寅三月入澜沧，相约邦崴拜茶王。
九九盘桓山路险，夜半投宿上允乡。
晨光未现踏征途，魂牵梦绕古茶皇。
有幸目睹大茶树，叩拜茶神谢上苍。

雅贤楼 归零

YAXIANLOU

雅贤楼 归零

YAXIANLOU

雅贤楼的第一

◆

吉林省第一家正宗古典式茶艺馆

◆

第一家国家主席胡锦涛光临的茶艺教室

◆

第一家国务院总理温家宝光临的茶艺教室

◆

吉林省第一家专业茶艺师学校

◆

吉林省第一家茶艺师国家职业技能鉴定基地

◆

吉林省第一家编著多部茶文化专著的茶艺馆

◆

吉林省第一家建立独立网站的茶艺馆

◆

吉林省第一家能够现场制作并烧制紫砂壶的茶艺馆

◆

吉林省第一家与高校联合办学的茶艺馆

◆

吉林省第一家拥有茶叶生产基地的茶艺馆

◆

吉林省第一家精品紫砂艺术馆

◆

吉林省第一批文化产业示范基地

◆

吉林省第一家茶文化传播创作基地

雅贤楼编著的茶文化书籍

在中国的传统文化中，茶文化独树一帜，"柴米油盐酱醋茶"，茶虽列最后，却最具文化特征。她上可进庙堂，下可进厨房，皇室帝胄饮之，平民百姓饮之……不同的人饮茶有不同的感受，于是便衍生出了不同的文化现象，平生出万千与茶有关的典故。

有感于此，近年来，我们钟情于茶文化的学习与研究，编著了多部在全国新华书店出版发行的茶文化专著，并且每一部作品均一版再版，更是创下了年均出版五六万册的业绩。

我们雅贤楼茶文化系列丛书能在全国新华书店畅销，说明我们编著的书籍对百姓日常饮茶保健康起到了一定的作用，这也符合我们写作的最初目的：专家们别挑出太大的毛病（尽可能少出现知识性的错误），百姓通过阅读能够学习一点儿知识，就知足了。我们将一如继往地学习研究下去，力争为祖国的茶文化建设做出一点儿贡献！

雅贤楼 归零

YAXIANLOU

徐凤龙/张鹏燕 编著

在全国新华书店发行的茶文化书籍

/

国家职业资格培训鉴定教材《茶艺师》2003年10月出版

/

《在家冲泡功夫茶》2006年1月出版

/

《饮茶事典》2006年5月出版，2007年3月第2次印刷，2007年6月第二版

/

《寻找紫砂之源》2008年1月出版，2008年6月第二版，

2012年3月第三版，2013年5月第四版

/

《普洱溯源》2008年11月出版，2012年10月第二版，2013年5月第三版

/

《识茶善饮》2009年1月出版，2009年8月第二版，2010年4月第三版

/

2011年1月第四版，2012年6月第五版，2013年5月第六版

/

《中国茶文化图说典藏全书》2009年1月出版

/

《第三只眼睛看普洱》2013年7月出版

/

《凤龙深山找好茶》2014年12月出版

/

雅贤楼 茶文化

雅贤楼 归零

YAXIANLOU

与著名易学家尹奈老师

我与《周易》之缘

也许是上天注定了我与《周易》的缘分。

上世纪八十年代末，由于外公对《周易》颇有研究，受其影响，我对《周易》也渐感兴趣，不过当时也只是感兴趣而已，没有太深入钻研。

随着年龄之增长，社会阅历之丰富，我逐渐感觉到中华传统文化之魅力，尤其是被称为群经之首，亦为中华传统文化之源、之根、之本的《周易》，更是值得研究。

近年来，多数人对于传统文化置之不理，很多古典文献也被束之高阁，更有甚者对传统文化还横加指责，凡此种种均阻碍了人们对古典文献研究探索的脚步。

241

雅贤楼 归零

与世界易学导师卢泰老师

当我们真正翻开古典文献时，你会吃惊地发现，我们花了多少年感悟到的人生真谛，其实，老祖宗早就在文献中写得清清楚楚，只是我们没有去认真拜读、学习、研究。

在现实生活中，一提到《周易》，多数人就把它和占卜算卦划上等号。我们不可否认，《周易》最早确实以占卜的形式存在，但是，如果你把《周易》只是当做算卦的工具，那就大错特错了。周易分象、数、理、占，占卜只是周易理论的应用而已。《周易》是揭示天道、人道、地道三才规律的一部千古奇书。子曰：范围天地而不过，曲成万物而不疑。周易何其广大？所以我喜欢读《周易》。

然而，使我真正潜心读进《周易》的，是著名大易学家金景芳先生的得意门生、原吉林省周易学会创始人尹奈老师。

我与尹老是在一次很偶然的机会相识的。

2006年的一天，时年七十有三的尹奈老师在朋友的陪同下来雅贤楼品茶，交谈中，尹老见我谈吐不凡，有一定的国学基础，很是高兴。

过了没几天，尹老突然来电让我去家里接他。待把尹老接到雅贤楼，才明其意。原来，尹老自从见过我之后，觉得我在《周易》方面应该有所造诣，说我非常有潜质，如果我愿意，愿倾其所学传授与我。约定，每天中午十二点半准时到家中接他到雅贤楼，单独讲授三小时。还与我约法三章，不要一分讲课费，不吃一顿饭，否则不教。

我们从《周易》经文讲起，日解一至两卦，历时两月有余，把《易经》六十四卦经文通讲一遍。为了加强记忆，我又结合体会，历时半年把课堂笔记重新整理一番，奠定了我学习、研究《周易》的理论基础。

2007年8月8日至12日，第十回世界易经大会在哈尔滨召开，尹老由于身体不适，特派我代表他去参加大会，这为我提供了一次难得的与世界易学大师零距离接触的机会。

本次大会，我写了一篇题为《易道与茶道》的论文，受到同道朋友的一致好评。还结识了卢泰、寥墨香、秦伦师、李洪成、李顺祥等著名易学大师。

为韩国副总理吴明等讲座

雅贤楼 茶文化

雅贤楼 归零

在吉林大学法学院讲《周易》

为一汽奥迪讲座

在东莞为领步集团讲座

在吉林大学讲座

　　世界易学导师卢泰是我的第二位老师，与卢老相识时，老人家已经出版了三部易学专著，尤其《参伍筮法》更具创新。我很欣赏卢老的学识，从2009年始，便与卢老系统地学习至今。

　　自此，《周易》这部代表中华传统文化之源、之根、之本的无字天书，便与我结下了不结之缘。

　　我知道，学易要有悟性，更得有缘分，有两位易学界泰斗教我学习《周易》，吾心足矣！

　　在研易习易的过程中，也取得了一点儿小成绩，在2007年第十回世界易经大会上，获得世界易学精英称号，并获优秀论文奖；2009年10月份，受聘于北京联合大学易学与经济发展研究中心副主任、特邀研究员之职；还到人民大会堂及国家会议中心参加周易研讨会，并多次应邀到全国各地讲学。

　　值此国运昌盛，国学繁荣时代，吾愿与天下同道共勉！

第八话

特别推荐——私家藏茶

深山觅古茶 匠心藏一家

人生如茶，意味悠远，
寻茶之旅，亦是生活的发现之旅，
发现与收藏，是一份对茶与茶意的景仰。

2014年2月22日，北京好兄弟喜得贵子，贺喜之余把2013年经典之作一手提走八座山之第22号赠予兄弟以示祝贺。3月中旬我在云南大山深处为《凤龙深山找好茶》采风时，好兄弟来电致谢，适逢陪同我考察的云南茶厂的哥们儿表示，也要为其制茶以示纪念，我倡议用无量山古树茶以孩子初生体重做一款茶意义深远，遂行之。

从云南考察归来正在潜心整理采访资料时，长春朋友亦喜得贵子，也想为孩子做款纪念茶，我建议用无量山古树茶以孩子初生体重制春夏秋冬4套子孙诞辰私家藏茶。其一，古树茶历经千年风雨，吸收天地之精华，内涵丰富；其二，古树茶量少而珍贵；其三，古树普洱茶历久弥新，存放百年尚醇香依旧。并融合周易等中华传统文化，朋友觉得意义重大。随之更多的爷爷奶奶、外公外婆为孙子外孙定制私家藏茶者纷至沓来。还有一款更有意义，可能比结婚证更具自律作用的阴阳和合私家藏茶，以及私人定制的祝寿私家藏茶、金婚私家藏茶（留给子孙）等等。

这几款茶大家都觉得挺有意义，适逢《凤龙深山找好茶》出版之际，把这个好想法告诉诸位，愿与诸位同道朋友共享！

雅贤楼 归零

作者在无量山古茶园考察

子孙诞辰私家藏茶

古树茶饼：以孩子降世体重为准，采无量山古茶树茶叶而制，昭示其子成建大业，前途无量；

茶叶内飞：上书孩子的生辰八字命理，父母签名；

行文及书写：由世界易学精英、著名茶文化传播人徐凤龙先生执笔题写；

外盒：红木细雕，可根据私家需求定制版面内容；

此款藏茶是为纪念家中爱婴诞生及孩子日后人生中的重大喜事及家中福事而制，故名"子孙诞辰私家藏茶"。

私家茶语：

茗香溢宅，福韵泽子。

茶如子，其茶，历久时光，越发弥香。其子，无邪成长，博识大成。茶香伴随，子健福随。此茶，乃父母对孩子真挚的爱与期望，亦是令亲子感知父母恩，励志勤勉之品。茶饼将伴随孩子一生，可用于人生重要节点品茗，亦可传于后辈，将孝悌、家道、亲情、伦理等传统文化凝聚一身，子孙相传。

雅贤楼 归零

茶叶用料：

原料为云南无量山千年古树茶。无量山是唐代"茶出银生城界诸山"所在地，此茶产量极低，丰收年景春茶亩产量10千克左右。以爱子初生体重3～4千克计，此款茶就差不多耗尽半亩千年古树春茶的产量。以无量山古树茶制之，预示其子前途开阔明朗，通畅无量。

消费过程：

人生几大关键节点时，如：成年之时、金榜题名、结婚庆典、添丁洗礼、事业有成、父辈大寿、子嗣成年、金婚庆典等等，是父辈对子女美好祝愿的寄托所在。

作者在景迈山古茶园考察

阴阳和合私家藏茶

古树茶饼：以夫妻二人初生体重之和定制茶饼，意二人生命之融合；

茶叶内飞：体现一对新人的生辰八字，二人亲笔签名，周易命理隐喻其中；

行文及书写：由世界易学精英、著名茶文化传播人徐凤龙先生执笔题写；

外盒：红木细雕，可根据私家需求定制版面内容；

数量：一对新人仅限制一套。

此款藏茶茶饼圆形，红木方器，寓天圆地方，阴阳和合，故名"阴阳和合私家藏茶"。

私家茶语：

和合一家，情慧福达。

人生长路，携手暖心。以一款茶祈福一桩婚，你中有我，我中有你，承诺彼此，共叙共融。若日后生活遇到烦忧坎坷，不时想到此茶之意义，忆起曾经的相濡以沫，必更加珍重彼此，共面生活，从而促进家庭亲和，婚姻稳固。把

雅贤楼 归零

爱情、亲情、伦理、道德、孝悌等传统文化凝结在一款茶中，伴随着夫妇一生一世。其中的周易寓意会起到更为有效的自律作用。

茶叶用料：

原料为云南景迈山千年古树茶，此茶产量极低，丰收年景春茶亩产量10千克左右。以夫妇二人体重之和7～8千克计，此款茶就差不多耗尽一亩千年古树春茶的产量。

景迈，傣语，景：新；迈：城；建设一座新城的意思。一对新人喜结良缘，组建一个新家。景迈山又是当年傣族土司把七公主嫁给叭岩冷时的陪嫁。景迈山古茶树已经有1100多年的历史，中国有句俗语：百年修得同船渡，千年修得共枕眠，千年古树茶见证千年修得的姻缘。

消费过程：

人生几大关键节点可享用之，如：添丁洗礼、事业有成、孩子成年或金榜题名、孩子结婚、族续烟火、夫妇大寿、金婚庆典等等，伴其终生。确为夫妻承诺、父母嘱托、亲朋祝愿之佳品。

这是一位慈祥的外公为外孙精心定制的一款子孙诞辰茶。

林梓涵志

父亲：林震东

母亲：韩阳

时公元贰仟零拾肆年捌月拾玖日辰时，林梓涵降生，体重叁仟肆佰贰拾陆克。

八字：甲午　壬申　壬戌　癸卯，金1木2水3火1土1，五行俱矣。沙中金命。以周易参伍筮法得坤为地卦，象曰：地势坤，君子以厚德载物。

第八篇

雅贤楼 归零

YAXIANLOU

梓乃林中名贵之木，韩音通涵，父母之姓为名。且天水入土，大地涵之，润土以生木，生而成栋梁，故名曰：林梓涵。

此茶按其初生体重以无量山古树茶制之，意前途无量也，以嗣纪念，礼赠外孙，并祝福梓涵健康快乐成长！

此茶在梓涵人生重大节点可享用之。如：成年之时、金榜题名、结婚庆典、事业有成、父辈大寿、子嗣成人等等，伴其终生。

随年龄之增长，阅历之丰富，茶韵之积累，品饮此茶之回味，感悟人生之甘苦，感谢父辈之关爱，感恩上苍之惠泽！

享此茶者，人生无憾矣！

预订电话：0431/85659360；85644738；13514313758
网　　址：www.yaxianlou.com